# 2018
# 农业资源环境保护与农村能源发展报告

农业农村部农业生态与资源保护总站　编

中国农业出版社
北　京

**图书在版编目（CIP）数据**

2018农业资源环境保护与农村能源发展报告 ／ 农业农村部农业生态与资源保护总站编. —北京：中国农业出版社，2019.3

ISBN 978-7-109-25344-5

Ⅰ．①2… Ⅱ．①农… Ⅲ．①农业环境保护-研究报告-中国-2018②农村能源-研究-中国-2018 Ⅳ．①X322.2②F323.214

中国版本图书馆CIP数据核字（2019）第050529号

中国农业出版社出版

（北京市朝阳区麦子店街18号楼）

（邮政编码 100125）

责任编辑 刘 伟 冀 刚

中国农业出版社印刷厂印刷　新华书店北京发行所发行

2019年3月第1版　2019年3月北京第1次印刷

开本：889mm×1194mm 1/16　印张：7

字数：180千字

定价：120.00元

（凡本版图书出现印刷、装订错误，请向出版社发行部调换）

# 编委会

**主　　编**：王久臣

**副 主 编**：李　波　高尚宾　吴晓春　李少华　闫　成

陈彦宾　李景明

**参编人员**（以姓氏笔画为序）：

万小春　王　飞　王　利　王　海　王全辉

王瑞波　石祖梁　朱平国　刘代丽　孙玉芳

孙建鸿　李冰峰　李欣欣　李垚奎　李惠斌

宋成军　陈宝雄　周　玮　郑顺安　徐文勇

徐志宇　黄宏坤　靳　拓　管大海　薛颖昊

**执行编辑**：朱平国　王瑞波　孙建鸿　李欣欣

# 前　言

　　2017年，中共中央围绕促进农业绿色发展、推动农业发展方式转变，出台了《关于创新体制机制推进农业绿色发展的意见》《关于加快推进畜禽养殖废弃物资源化利用的意见》《关于划定并严守生态保护红线的若干意见》《加强耕地保护和改进占补平衡的意见》等政策文件，对深入推进农业绿色发展作出顶层设计。农业部印发了《关于推进农业供给侧结构性改革的实施意见》《关于实施农业绿色发展五大行动的通知》《关于贯彻落实〈土壤污染防治行动计划〉的实施意见》《重点流域农业面源污染综合治理示范工程建设规划（2016—2020年）》《农膜回收行动方案》《东北地区秸秆处理行动方案》《种养结合循环农业示范工程建设规划（2017—2020年）》等指导意见和具体方案，强化农业绿色发展工作指导。联合国家发改委、财政部、环境保护部、中国农业银行等有关部门印发了《全国农村沼气发展"十三五"规划》《循环发展引领纲要》《东北黑土地保护规划纲要（2017—2030年）》《关于深入推进农业领域政府和社会资本合作的实施意见》《关于推进金融支持农业绿色发展工作的通知》等规划意见。组织召开了全国果菜茶有机肥替代化肥行动推进落实会、全国畜禽养殖废弃物资源化利用会议、东北地区秸秆处理行动推进会、全国农膜回收行动推进会议等，加强专项部署和推进落实。成立了国家畜禽养殖废弃物资源化处理科技创新联盟等组织，进一步优化农业绿色发展各产业、各环节、各要素，保障了农业资源环境保护与农村能源各项任务得到贯彻落实。

　　各级农业资源环境保护和农村能源管理与推广服务机构认真贯彻中央和有关部门的决策部署，秉承绿色发展理念，不断创新体制机制，以畜禽粪污资源化利用、果菜茶有机肥替代化肥、东北地区秸秆处理、农膜回收、长江流域水生生物保护五大行动为抓手，发挥体系和行业优势，积极参与相关政策创设、业务支撑、试验示范等工作，制定完善相关技术、标准、规范，加强政策调研、试验示范和技术推广，在加快推进农业发展方式转变、促进农业绿色发展方面取得积极进展。

　　为充分肯定农业资源环境保护与农村能源建设一年来的工作成就，大力宣传各地在实践中总结出来的好做法、好经验、好典型，农业农村部农业生态与资源保护总站组织力量编写了《2018农业资源环境保护与农村能源发展报告》（以下简称《报告》）。《报告》认真梳理了2017年农业资源环境保护和农村能源建设取得的主要成效，也系统回顾了2013—2017年两大行业发展重要历程，收集整理了相关数据资料，做到承上启下、一脉相承。

　　《报告》的编写得到了农业农村部科技教育司的大力支持，各省（自治区、直辖市）及计划单列市农业资源环保站、农村能源办以及新疆生产建设兵团、黑龙江农垦总局等有关机构和单位为《报告》编写提供了大量数据、案例和研究成果，在此一并表示感谢。

　　由于各种原因，草原生态、渔业资源环境、耕地保护等相关行业领域的工作情况与数据资料没有纳入本《报告》，敬请知悉。

编　者

2018年10月

# 目录 CONTENTS

特别关注

# 扎实推进农业绿色发展五大行动
# 着力转变农业农村发展方式

绿色发展是现代农业发展的内在要求，是生态文明建设的重要组成部分。习近平总书记强调，绿水青山就是金山银山。要坚持节约资源和保护环境的基本国策，推动形成绿色发展方式和生活方式。2017年中央1号文件提出，要推行绿色生产方式，增强农业可持续发展能力。近年来，我国粮食连年丰收，农产品供给充裕，农业发展不断迈上新台阶。但是由于化肥、农药过量使用，加之畜禽粪便、农作物秸秆、农膜等资源化利用率不高，渔业捕捞强度过大，农业发展面临的资源压力日益加大，生态环境亮起了"红灯"，我国农业到了必须加快转型升级、实现绿色发展的新阶段。

为加快解决农业资源环境突出问题，推进农业绿色发展，2015年4月，农业部印发《关于打好农业面源污染防治攻坚战的实施意见》，提出到2020年实现农业用水总量控制，化肥、农药使用量减少，畜禽粪便、农作物秸秆、农膜基本资源化利用的"一控两减三基本"目标任务。2016年12月，财政部、农业部联合印发《建立以绿色生态为导向的农业补贴制度改革方案》，提出到2020年基本建成以绿色生态为导向、促进农业资源合理利用与生态环境保护的农业补贴政策体系和激励约束机制。2017年5月，农业部印发《关于实施农业绿色发展五大行动的通知》，决定在全国启动实施畜禽粪污资源化利用、果菜茶有机肥替代化肥、东北地区秸秆处理、农膜回收和以长江为重点的水生生物保护农业绿色发展五大行动。

## 一、明确农业绿色发展五大行动实施内容

1.**畜禽粪污资源化利用行动**　以畜牧大县和规模养殖场为重点，构建种养结合、农牧循环新格局。在畜牧大县开展畜禽粪污资源化利用试点，组织实施种养结合一体化项目，集成推广畜禽粪污资源化利用技术模式，支持养殖场和第三方市场主体改造升级处理设施，提升畜禽粪污处理能力。建设畜禽规模化养殖场信息直联直报平台，完善绩效评价考核制度，压实地方政府责任。力争到2020年基本解决大规模畜禽养殖场粪污处理和资源化问题。

2.**果菜茶有机肥替代化肥行动**　以发展生态循环农业、促进果菜茶质量效益提升为目标，以果菜茶优势产区、核心产区、知名品牌生产基地为重点，大力推广有机肥替代化肥技术，加快推进畜禽养殖废弃物及农作物秸秆资源化利用，实现节本增效、提质增效。力争到2020年，果菜茶优势产区化肥用量减少20%以上，果菜茶核心产区和知名品牌生产基地（园区）化肥用量减少50%以上。

3.**东北地区秸秆处理行动**　以玉米秸秆处理利用为重点，以提高秸秆综合利用率和黑土地保护为目标，大力推进秸秆肥料化、饲料化、燃料化、原料化、基料化利用，加强新技术、新工艺和新

装备研发,加快建立产业化利用机制,不断提升秸秆综合利用水平。力争到2020年,东北地区秸秆综合利用率达到80%以上,新增秸秆利用能力2 700多万吨。

4.农膜回收行动 以西北地区为重点区域,以棉花、玉米、马铃薯为重点作物,以加厚地膜应用、机械化捡拾、专业化回收、资源化利用为主攻方向,连片实施,整县推进,综合治理。力争到2020年,农膜回收率达80%以上,农田"白色污染"得到有效控制。

5.以长江为重点的水生生物保护行动 逐步推进长江流域全面禁捕,率先在水生生物保护区实现禁捕,引导和支持渔民转产转业,开展水产健康养殖示范创建,推进海洋牧场建设,强化海洋渔业资源总量管理,完善休渔禁渔制度,联合有关部门开展海洋伏季休渔等专项执法行动,继续清理整治"绝户网"和涉渔"三无"船舶。实施珍稀濒危物种拯救行动,加强水生生物栖息地保护,加快建立长江珍稀特有物种基因保存库。力争到2020年,长江流域水生生物资源衰退、水域生态环境恶化和水生生物多样性下降的趋势得到有效遏制,水生生物资源得到恢复性增长。

## 二、强化农业绿色发展五大行动政策举措

### (一)推动出台政策文件

2017年6月,国务院办公厅印发《关于加快推进畜禽养殖废弃物资源化利用的意见》,这是中央第一个专门针对畜禽养殖废弃物处理和利用出台的指导性文件。该《意见》确立的"一条路径"、"一个机制"、"两个重点"和"三大目标",是解决畜禽养殖废弃物资源化利用问题的根本措施。10月,中共中央办公厅、国务院办公厅印发《关于创新体制机制推进农业绿色发展的意见》,提出全面建立以绿色生态为导向的制度体系,基本形成与资源环境承载力相匹配、与生产生活生态相协调的农业发展格局。

2017年1月,农业部联合国家发改委印发《全国农村沼气发展"十三五"规划》。6月,农业部联合国家发改委等六部门印发《东北黑土地保护规划纲要(2017—2030年)》。8月,农业部联合国家发改委印发《全国畜禽粪污资源化利用整县推进项目工作方案(2018—2020年)》。11月,农业部联合中国农业银行印发《关于推进金融支持农业绿色发展工作的通知》。此外,农业部还印发《农膜回收行动方案》《东北地区秸秆处理行动方案》《畜禽养殖废弃物资源化利用考核办法》《畜禽粪污土地承载力测算技术指南》《固定污染源排污许可分类管理名录(2017年版)》《关于推介发布秸秆农用十大模式的通知》等指导性文件,为推进农业绿色发展五大行动实施提供了具体的行动指南。

### (二)组织开展试点示范

一是在果菜茶的优势区、核心区选择100个重点县开展有机肥替代化肥试点示范,支持引导农民和新型农业经营主体积造与施用有机肥,因地制宜推广符合生产实际的有机肥利用方式,探索可复制、可推广的技术模式和运行机制,打造一批绿色产品基地、特色产品基地和知名品牌基地。力争用3~5年时间构建起有机肥替代化肥的组织方式、服务机制和政策框架。

二是中央财政安排27亿元支持100个畜牧大县,整建制推进畜禽粪污资源化利用,统筹现有各种项目,重点支持畜禽粪污处理和利用设施建设;聚焦规模养殖场户,建设全国性的畜禽规模养殖场信息直联直报平台,实现精准支持、精准管理、精准服务;成立国家畜禽养殖废弃物资源化处理科技创新联盟,总结提炼有效模式,指导地方和规模养殖场科学治理畜禽粪污。

三是中央财政安排资金6亿元，在东北地区60个玉米主产县开展整县推进秸秆综合利用试点，大力推广秸秆深翻还田、覆盖还田等循环利用技术，加快培育秸秆收储运社会化服务组织，创新并熟化一批秸秆还田、饲料、燃料利用领域的新技术、新工艺和新装备，推动出台并落实用地、用电、信贷等优惠政策，探索可复制、可推广的综合利用模式。

四是在甘肃、新疆、内蒙古等地建设100个地膜污染治理示范县，以棉花、玉米、马铃薯为重点作物，全面推广使用加厚地膜，推进减量替代；推动建立以旧换新、经营主体上交、专业化组织回收、加工企业回收等多种方式的回收利用机制，试点"谁生产、谁回收"的地膜生产者责任延伸制度；完善农田残留地膜污染监测网络，探索将地面回收率和残留状况纳入农业面源污染综合考核。

五是在抓好长江水生生物资源保护上，大力推进中华鲟和长江江豚拯救行动计划，率先在长江流域水生生物保护区实现全面禁捕。在加强海洋渔业资源管理与保护上，重点推进"渔船双控"、"总量管理"和"伏季休渔"，继续清理整治"绝户网"和涉渔"三无"船舶，引导和支持渔民转产转业；同时，积极推进海洋牧场建设，增殖养护渔业资源。

## 三、形成农业绿色发展五大行动工作合力

1.加强组织领导　农业部成立五大行动领导小组，韩长赋部长任组长。每一个行动都由副部长负总责，各牵头司局负责制订方案、研究推进机制、加强责任分工、推进工作落实。例如，在畜禽养殖废弃物资源化利用方面，农业部成立畜禽粪污资源化利用领导小组和办公室，成立国家畜禽养殖废弃物资源化处理科技创新联盟，全国23个省（自治区、直辖市）成立畜禽粪污资源化利用工作领导机构，其中11个省（自治区、直辖市）由政府负责同志牵头，统筹协调相关工作。22个省（自治区、直辖市）按照国务院办公厅《关于加快推进畜禽养殖废弃物资源化利用的意见》要求制订了省级工作方案，明确了分年度重点任务和工作清单。

2.强化工作部署　2017年3月，农业部在湖南省召开全国果菜茶有机肥替代化肥行动推进落实会，对果菜茶有机肥替代化肥进行具体安排。2017年4月，农业部在黑龙江省召开东北地区秸秆处理行动推进会，张桃林副部长出席会议并讲话，要求坚持农用为主，以玉米秸秆处理利用为重点，走秸秆综合利用与黑土地保护有机结合之路。2017年6月，农业部在湖南省召开全国畜禽养殖废弃物资源化利用会议，汪洋副总理出席会议并讲话，要求认真贯彻落实新发展理念，坚持保供给与保环境并重，坚持政府支持、企业主体、市场化运作，全面推进畜禽养殖废弃物资源化利用，改善农业生态环境，构建种养结合、农牧循环的可持续发展新格局。2017年10月，农业部在甘肃省兰州市召开全国农膜回收行动推进会，交流各地好的做法、好的经验，研究推进下一步地膜污染治理工作。此外，农业部还成立国家畜禽养殖废弃物资源化处理科技创新联盟，引导东北地区农科院所组建东北区域玉米秸秆综合利用协调创新联盟，整合各方面资源，发挥联盟"产、学、研、推"大联合、大协作特点，加快推进关键、核心、重大科技的研发和联合攻关，破解农业废弃物资源化处理的关键难题。科学技术部启动"畜禽重大疫病防控与高效安全养殖综合技术研发"专项，实施"农业面源和重金属污染农田综合防治与修复技术研发"重点专项，对关键环节技术创新进行重点支持。

3.推动各地落实　各地认真落实中央政策，结合地方实际，编制实施方案，加大财政投入，强化制度保障。如在畜禽粪污资源化利用方面，全国21个省份安排资金13亿元，江苏等省还出台有机

肥补贴政策，形成了上下联动、合力推进的良好政策环境。截至2017年底，安徽省出台《关于推进农业绿色发展五大行动计划的实施方案》，四川省印发《贯彻落实＜农业部关于实施农业绿色发展五大行动＞实施方案》，福建省和江苏省分别出台省级的加快推进农业绿色发展的实施意见，辽宁省先后出台《加强大气污染治理工作实施意见》《关于推进农作物秸秆综合利用和禁烧工作的实施意见（2016—2018年）》等文件，为推进农业绿色发展五大行动在各省（自治区、直辖市）的具体实施提供了指导依据。

## 四、农业绿色发展五大行动取得初步成效

在果菜茶有机肥替代化肥方面，2017年全国有机肥施用面积超过4亿亩*次，化肥、农药使用量呈趋降态势，一部分省份已实现化肥零增长。

在畜禽养殖废弃物资源化利用方面，2017年支持96个县整县推进畜禽粪污资源化利用，畜禽养殖废弃物资源化利用制度全面建立，综合利用率达到60%以上。

在东北地区秸秆处理行动方面，重点围绕提高秸秆农用水平、收储运专业化水平、综合利用标准化水平和市场化利用水平，建立了71个示范县，秸秆综合利用率比2016年提高7.1个百分点。

在农膜回收行动方面，以西北地区为重点建立100个地膜污染治理示范县，初步建立了地膜回收利用体系，当季回收率接近80%。

在以长江为重点的水生生物保护行动方面，实施长江禁渔期制度、增殖放流、划定保护区、濒危物种拯救行动、渔民转产转业等一系列举措，在长江流域内332处水生生物保护区率先实现全面禁捕，放流鱼苗200亿尾以上。

实施农业绿色发展五大行动，既关系农业本身绿色发展，又关系整个生态环境资源保护和可持续发展，同时也是美化农村人居环境、推进乡村振兴战略实施的重要途径。虽然目前开局良好、进展顺利，但是推进农业绿色发展是一项长期任务，是一个系统工程，需要加强统筹协调，整合资源力量，形成齐抓共管、上下联动的工作格局。特别是要突出重点地区、重点领域、重点环节，将农业绿色发展五大行动的理念、技术模式和有效机制融入国家现代农业示范区、粮食生产功能区、重要农产品生产保护区、特色农产品优势区、农业可持续发展试验示范区以及现代农业产业园等建设中去，着力构建起农业绿色发展的政策体系、技术模式和运行机制，扎实推进农业绿色发展五大行动取得更大成效。

---

\* 亩为非法定计量单位。1亩＝1/15公顷。

行业聚焦

## 中共中央　国务院关于加强耕地保护和改进占补平衡的意见
### （2017年1月）

《意见》提出，要坚守土地公有制性质不改变、耕地红线不突破、农民利益不受损三条底线，坚持严保严管、节约优先、统筹协调、改革创新。到2020年，使全国耕地保有量不少于18.65亿亩，永久基本农田保护面积不少于15.46亿亩，确保建成8亿亩、力争建成10亿亩高标准农田，稳步提高粮食综合生产能力，确保谷物基本自给、口粮绝对安全。

《意见》强调，在严格控制建设占用耕地方面，加强土地规划管控和用途管制，严格永久基本农田划定和保护，以节约集约用地缓解建设占用耕地压力；在改进耕地占补平衡管理方面，严格落实耕地占补平衡责任，大力实施土地整治，落实补充耕地任务，规范省域内补充耕地指标调剂管理，探索补充耕地国家统筹，严格补充耕地检查验收；在推进耕地质量提升和保护方面，大规模建设高标准农田，实施耕地质量保护与提升行动，统筹推进耕地休养生息，加强耕地质量调查评价与监测；在健全耕地保护补偿机制方面，加强对耕地保护责任主体的补偿激励，实行跨地区补充耕地的利益调节；在强化保障措施和监管考核方面，加强组织领导、严格监督检查、完善责任目标考核制度。

## 国家发改委　农业部关于印发
### 《全国农村沼气发展"十三五"规划》的通知
### （2017年1月）

《规划》指出，要适应农业生产方式、农村居住方式和农民用能方式的新变化，坚持清洁能源供给、生态环境保护和循环农业发展的三重复合定位，按照种养结合、生态循环、绿色发展的要求，强化政策创新、科技创新和管理创新，加快规模化生物天然气和规模化大型沼气工程建设，大力推动果（菜、茶）沼畜种养循环发展，巩固户用沼气和中小型沼气工程建设成果，促进沼气沼肥的高值高效综合利用，实现规模效益兼顾、沼气沼肥并重、建设监管结合，开创农村沼气事业健康发展的新局面。

《规划》提出，到2020年，农村沼气转型升级取得重大进展，产业体系基本完善，多元协调发展的格局基本形成，以沼气工程为纽带的种养循环发展模式更加普及，科技支撑与行业监管能力显著提升，服务体系与政策体系更加健全，农村沼气在处理农业废弃物、改善农村环境、供给清洁能源、助推循环农业发展和新农村建设等方面的作用更加突出。《规划》明确了优化农村沼气发展结构、提升"三沼"产品利用水平、提高科技创新支撑水平、加强服务保障能力建设4个方面的重点任务。

《规划》突出了重大工程、发展布局、政策措施等方面的谋划。在重大工程方面，设置了规模化生物天然气工程、规模化大型沼气工程、户用沼气和中小型沼气工程、支撑服务能力建设工程4大工程，并对每一项工程，都明确了其功能定位和建设内容。中央将继续重点支持规模化生物天然气工程和规模化大型沼气工程建设。在发展布局方面，综合考虑各地区资源量、沼气发展基础、经济水平、清洁能源需求等因素，将全国31个省（自治区、直辖市）划分为资源量丰富地区、资源量中等地区、资源量一般地区3类地区。在政策措施方面，提出了建立多元化投入机制、完善农村沼气优惠政策、营造产品公平竞争环境、加快完善沼气标准体系、加强国际合作与交流5方面政策措施，着力为农村沼气成功转型升级发展，破除体制机制障碍，创造良好的政策环境。

## 农业部印发《关于推进农业供给侧结构性改革的实施意见》
### （2017年2月）

《意见》提出，要围绕推进农业供给侧结构性改革这一主线稳定粮食生产、推进结构调整、推进绿色发展、推进创新驱动、推进农村改革。要把增加绿色优质农产品供给放在突出位置，把提高农业供给体系质量和效率作为主攻方向，把促进农民增收作为核心目标，从生产端、供给侧入手，创新体制机制，调整优化农业的要素、产品、技术、产业、区域、主体等方面结构，优化农业产业体系、生产体系、经营体系，突出绿色发展，聚力质量兴农，使农业供需关系在更高水平上实现新的平衡。通过努力，使农产品的品种、品质结构更加优化，玉米等库存量较大的农产品供需矛盾进一步缓解，绿色、优质、安全和特色农产品供给进一步增加。绿色发展迈出新步伐，化肥、农药使用量进一步减少，畜禽粪污、秸秆、农膜综合利用水平进一步提高。农业资源要素配置更加合理，农业转方式调结构的政策体系加快形成，农业发展的质量效益和竞争力有新提升。

## 国家畜禽养殖废弃物资源化处理科技创新联盟在京成立
### （2017年2月）

2017年2月27日，国家畜禽养殖废弃物资源化处理科技创新联盟成立大会在北京召开，农业部副部长于康震出席会议并讲话。

会议要求，联盟各成员单位要因地制宜，多措并举，引导和鼓励各类生产经营主体探索适合不同地区的畜禽养殖废弃物资源化处理模式，全面提升畜禽养殖废弃物资源化处理的技术水平；要协同攻关，切实发挥联盟的"产、学、研、推"大联合、大协作特点，加快推进关键、核心、重大科技的研发和联合攻关，破解畜禽养殖废弃物资源化处理的关键难题；要加强调研，围绕重大课题总结典型模式，提炼有效措施，为制定政策提供依据；要夯实基础，尽快制定畜禽养殖废弃物资源化处理的相关标准；要搭建以企业为主体、市场为导向、产学研推相结合的创新体系，率先将提炼孵化的好技术、好模式示范推广应用，切实成为畜禽养殖废弃物资源化处理"排头兵"。

会议强调，联盟要坚持目标导向，切实把任务抓在手上、扛在肩上；要坚持政策激励，项目、资金向真抓实干的单位和养殖场倾斜；要坚持合作共赢，构建目标一致、优势互补、信息共享、利益共享的运行机制；要坚持人才至上，打造引领畜牧业绿色发展的优秀团队；要坚持广泛宣传，营造畜禽养殖废弃物资源化处理的良好氛围。

会议选举产生了联盟理事会。联盟各成员单位共同发布了《国家畜禽养殖废弃物资源化处理科技创新联盟倡议书》。

## 中共中央办公厅　国务院办公厅印发
## 《关于划定并严守生态保护红线的若干意见》
### （2017年2月）

《意见》要求，要以改善生态环境质量为核心，以保障和维护生态功能为主线，按照山水林田湖系统保护的要求，划定并严守生态保护红线，实现一条红线管控重要生态空间，确保生态功能不降低、面积不减少、性质不改变，维护国家生态安全，促进经济社会可持续发展。在基本原则方面，要科学划定、切实落地，坚守底线、严格保护，部门协调、上下联动，实现2017年底前，京津冀区域、长江经济带沿线各省（直辖市）划定生态保护红线；2018年底前，其他省（自治区、直辖市）划定生态保护红线；2020年底前，全面完成全国生态保护红线划定，勘界定标，基本建立生态保护红线制度，国土生态空间得到优化和有效保护，生态功能保持稳定，国家生态安全格局更加完善。到2030年，生态保护红线布局进一步优化，生态保护红线制度有效实施，生态功能显著提升，国家生态安全得到全面保障。在具体步骤上，要明确划定范围，落实生态保护红线边界，有序推进划定工作。在管控和激励措施上，明确属地管理责任、确立生态保护红线优先地位、实行严格管控、加大生态保护补偿力度、加强生态保护与修复、建立监测网络和监管平台、开展定期评价、强化执法监督、建立考核机制、严格责任追究。在组织保障方面，加强组织协调、完善政策机制、促进共同保护。

## 农业部印发《关于贯彻落实〈土壤污染防治行动计划〉的实施意见》
### （2017年3月）

《意见》提出，到2020年，完成耕地土壤环境质量类别划定，土壤污染治理有序推进，耕地重金属污染、白色污染等得到有效遏制。优先保护类耕地面积不减少，土壤环境质量稳中向好；受污染耕地安全利用率达到90%左右，中轻度污染耕地实现安全利用面积达到4 000万亩，治理和修复面积达到1 000万亩；建立针对重度污染区的特定农产品禁止生产区划定制度，重度污染耕地种植结构调整和退耕还林还草面积力争达到2 000万亩。到2030年，受污染耕地安全利用率达到95%以上，全国耕地土壤环境质量状况实现总体改善，对粮食生产和农业可持续发展的支撑能力明显提高。

《意见》指出，在完善农用地土壤污染防治法规标准体系方面，推进农用地土壤污染防治法制建设、健全耕地土壤污染防治相关标准；在开展耕地土壤环境调查监测与类别划分方面，开展农用地土壤污染状况详查、完善耕地土壤环境质量监测网络、开展耕地土壤环境质量类别划分；在优先保护未污染和轻微污染耕地方面，纳入永久基本农田、切实保护耕地质量；在安全利用中轻度污染耕地方面，筛选安全利用实用技术、推广应用安全利用措施、实施风险管控与应急处置；在严格管控重度污染耕地方面，有序划定农产品禁止生产区、推进落实种植结构调整、纳入退耕还林还草范围；在实地耕地土壤污染综合治理与修复方面，开展典型耕地污染治理修复技术应用试点、建设耕地污染综合治理与修复示范区、开展治理技术及产品验证评价；在推行农业清洁生产方面，严控农田灌溉水源污染、实施化肥农药零增长行动、强化废旧农膜和秸秆综合利用、推进畜禽养殖污染防治；在加大耕地污染防治政策支持力度方面，健全绿色生态导向的农业补贴制度、建立农用地污染防治生态补偿机制、创新耕地污染防治支持政策、健全耕地污染防治市场机制、加大科技研发支持力度；在强化农用地污染防治责任落实方面，建立责任机制、加强技术指导、实施绩效考核、推进信息公开、加强宣传培训。

## 农业部召开全国果菜茶有机肥替代化肥行动推进落实会
### (2017年3月)

2017年3月，农业部在湖南省郴州市宜章县召开全国果菜茶有机肥替代化肥行动推进落实会，总结交流各地开展有机肥替代化肥的做法经验，对果菜茶有机肥替代化肥进行具体安排。

会议提出，开展果菜茶有机肥替代化肥行动，要准确把握"替"的内涵和要求，突出重点，加力推进。一是坚持减量与增效并重，生产与生态统筹，重点突破与整体推进结合。二是突出重点品种，突出优势产区，突出品牌基地。三是提升种养结合水平、标准化生产与品牌创建水平、主体培育与绿色产品供给水平。四是推进技术创新，服务创新和政策创新。

会议要求，坚持"干"字当头、"实"字为先，确保行动落到实处、取得实效。一要任务落实到位。抓紧细化实化方案，制定任务清单，逐一明确工作要点和技术措施，把试点面积落实到园区基地，把减量增效目标分解到季度月份。二要责任落实到位。承担示范任务的省级农业部门要加强指导、强化督导、推进落实；各示范县都要成立由政府负责同志任组长的实施领导小组，亲自部署、靠前指挥、紧盯不放；承担项目任务的农户和组织都要签订协议，明确相关权利义务。三要政策落实到位。中央财政安排专项资金，支持果菜茶有机肥替代化肥示范县创建。省级农业部门要加强与财政部门沟通，尽快落实到位、加快拨付；各示范县要尽快将资金落实到园区和基地；各地要将沼气工程、农业综合开发区域生态循环农业、标准化规模养殖、畜禽粪污资源化利用试点等资金，向果菜茶有机肥替代化肥示范县倾斜。四要指导服务到位。组织专家，根据不同区域、不同作物生产和施肥实际，制订相应技术方案，层层开展技术培训；组建部省县上下贯通的专家指导组，开展全程技术指导服务。五要监督检查到位。建立项目实施调度制度,一季一调度,半年一碰头,一年一总结,及时掌握进展情况。农业部、财政部对示范县进行目标考核,开展第三方评价,考核和评价结果作为下年各省项目安排的主要依据。六要宣传引导到位。全方位、多角度宣传行动的重要意义,总结推广好做法、好经验、好典型,营造良好氛围,充分调动社会各类市场主体参与行动的积极性。

## 农业部印发《2017年农业面源污染防治攻坚战重点工作安排》
### (2017年3月)

在工作思路上,各级农业部门要紧紧围绕"一控两减三基本"目标,加强农业环境突出问题治理。按照"重点突破、综合治理、循环利用、绿色发展"的要求,强化政策保障,探索农业面源污染治理有效支持政策;强化综合示范,重点打造省县两级农业面源污染防治示范体系;强化监测考核,完善监测网络,逐步将"一控两减三基本"的成效纳入绩效考核范围,坚决打好农业面源污染防治攻坚战。

在工作措施上,提出实施"七个行动":一是推进化肥农药使用量零增长行动。加强试点示范,做好技术凝练与推广,做好农企对接,推进社会化服务。二是推进养殖粪污综合治理行动。全面推进畜禽养殖粪污处理和资源化,开展畜禽养殖标准化示范、水产健康养殖示范场和示范县创建活动,推进洞庭湖区畜禽水产养殖污染治理试点工作。三是推进果菜茶有机肥替代化肥行动。创建果菜茶有机肥替代化肥示范县,构建果菜茶绿色发展工作机制。四是推进秸秆综合利用行动。实施好秸秆综合利用试点,召开秸秆机械化还田离田现场推进会,发布推介秸秆综合利用十大模式。五是推进地膜综合利用行动。探索推进东北黑土地地膜使用零增长计划,在西北、华北等旱作地区开展地膜回收利用补助试点,开展可降解地膜试验示范。六是推进农业面源污染防治技术推广行动。研发一批与"一控两减三基本"目标相关的新技术、新产品和新设备,做好技术应用推广。七是推进农业绿色发展宣传行动。组织开展多形式、多渠道、全方位的绿色发展系列宣传报道活动,举办现场经验交流会,集中展示绿色技术,推介绿色发展模式。

## 农业部印发《重点流域农业面源污染综合治理示范
### 工程建设规划(2016—2020年)》
### (2017年3月)

《规划》指出,要坚持重点突破统筹推进、坚持生产生态协调发展、坚持市场政府两手发力、坚持监测督导有效结合,力争到2020年,建成一批重点流域和区域农业面源污染综合防治示范区,探索形成一批可复制、可推广的技术与模式,为全面实施农业面源污染治理提供示范样板和经验。示范区化肥、农药减量20%以上,村域混合污水及畜禽粪污综合利用率达到90%以上,秸秆综合利用率达到85%以上，化学需氧量、总氮和总磷排放量分别减少40%、30%和30%以上；全面普及厚度0.01毫米及以上的地膜，当季地膜回收率达到80%以上。

在治理区域方面，要在洞庭湖、鄱阳湖、太湖、海河、松花江、淮河、三峡库区、丹江口库区、巢湖、洱海等重点水源保护区和环境敏感流域选择一批重点典型农业小流域，开展农业面源污染综合治理；在新疆、甘肃、内蒙古、陕西、宁夏、山西、山东、河北、河南、黑龙江、吉林和辽宁等重点省份，选择一批地膜覆盖大县进行农田残膜回收利用试点示范。

在重点工程方面，要因地制宜建设农田面源污染综合防控、畜禽养殖污染治理、水产养殖污染防治、农业废弃物循环利用等工程，治理农业面源污染。

## 农业部召开东北地区秸秆处理行动推进会
### （2017年4月）

2017年4月，农业部在黑龙江省哈尔滨市召开东北地区秸秆处理行动推进会，农业部副部长张桃林出席会议并讲话。

会议提出，东北地区秸秆处理行动要以玉米秸秆处理利用为重点，以提高秸秆综合利用率和黑土地保护为目标，与"五区一园"创建相衔接，加强试点示范，完善扶持政策，拓宽利用渠道，创新工作方法，健全政府、企业与农民三方利益联结机制，加快秸秆资源化利用，确保到2020年秸秆综合利用率达到80%以上，比2015年提高13个百分点，新增秸秆利用能力2 700多万吨，露天焚烧显著减少。

会议强调，推进东北地区秸秆处理，要处理好农用为主和多元利用的关系，推动秸秆向农用为主、多元利用的方向发展；要处理好政府、企业和农民之间的关系，构建三者利益联结机制，形成命运共同体，让政府履职责、企业有效益、农民得实惠，实现三方共赢；要处理好试点示范与整体推进的关系，坚持试点先行、以点带面、整体推进，努力形成"一花开后百花香"的局面。

会议要求，推进东北地区秸秆处理要明确肥料化、饲料化和燃料化"三大方向"，强化责任落实、政策配套、资源整合、市场引领、区域聚焦、绩效考评和宣传培训，努力提升秸秆的农用水平、收储运专业化水平、市场化利用水平、综合利用标准化水平。

## 农业部印发《关于推介发布秸秆农用十大模式的通知》
### （2017年4月）

一是东北高寒区玉米秸秆深翻养地模式。以深翻还田为核心，在联合收割机收割玉米后，将玉米秸秆粉碎均匀抛洒地面，然后用重型拖拉机深翻还田，在春季进行耙平，开展下一季农事生产。

二是西北干旱区棉秆深翻还田模式。集成机械粉碎和深翻还田技术，利用秸秆粉碎还田机，将刚收获完的棉花秸秆粉碎后均匀抛洒于土壤表面，然后进行翻耕掩埋，达到疏松土壤、改良土壤理化性质、增加有机质、培肥地力等多重目标，同时消灭病虫害、提高产量、减少环境污染。

三是黄淮海地区麦秸覆盖玉米秸旋耕还田模式。在小麦收获季节，利用带有秸秆粉碎还田装置的联合收割机将小麦秸秆就地粉碎，均匀抛洒在地表，直接免耕播种玉米；在玉米收获季节，用秸秆粉碎机完成玉米秸秆粉碎，然后采用大马力旋耕机趁秸秆青绿时进行旋耕，完成秸秆还田作业后播种小麦。

四是黄土高原区少免耕秸秆覆盖还田模式。在作物收获后，将农作物秸秆及残茬覆盖地表，土地不进行耕翻，翌年采用免耕播种机进行播种或进行表土层耕作播种，同时定期进行轮耕或深松，以有效培肥地力，防止水土流失，降低生产成本。

五是长江流域稻麦秸秆粉碎旋耕还田模式。在水稻－小麦、水稻－水稻、水稻－油菜等主要轮作区，农作物秸秆通过机械化粉碎和旋耕机作业直接混埋还田，配套农机农艺相结合的方式，充分发挥秸秆还田在培肥地力和增产增收等方面的积极作用。

六是华南地区秸秆快腐还田模式。早稻收割后，将秸秆就地粉碎，并保持一定的水层，通过化学腐熟剂、生物腐熟剂的双重作用，实现秸秆在短期内快速腐熟还田，从而不影响晚稻插秧，并有利于提高土壤有机质，改善土壤理化性质。

七是秸－饲－肥种养结合模式。农作物秸秆通过物理、化学、生物等处理方法，添加辅料和营养元素，制作成为营养齐全、适口性好的牲畜饲料。秸秆饲料经畜禽消化吸收后排除的粪便经过高温有氧堆肥、发酵等处理方式作为有机肥还田，实现种植业和养殖业的有机结合。

八是秸－沼－肥能源生态模式。利用玉米、小麦等农作物秸秆制取沼气，通过管道或压缩装罐供应农村居民生活用能，或者提纯后制取生物天然气供车用或工业使用。

九是秸－菌－肥基质利用模式。以农作物秸秆为主要原料，通过与其他原料混合或经高温发酵，配制而成食用菌栽培基质，食用菌采收结束后，菌糠再经高温堆肥处理后归还农田。

十是秸－炭－肥还田改土模式。将农作物秸秆通过低温热裂解工艺转化为富含稳定有机质的生物炭，然后以生物炭为介质生产炭基肥料，并返回农田，以改善土壤结构及其他理化性状，增加土壤有机碳含量，实现秸秆在农业生产过程中的循环利用。

# 国家发改委等十四部委联合印发《循环发展引领行动》
## （2017年4月）

《行动》提出到2020年，主要资源产出率比2015年提高15%，主要废弃物循环利用率达到54.6%左右。一般工业固体废物综合利用率达到73%，农作物秸秆综合利用率达到85%，资源循环利用产业产值达到3万亿元。75%的国家级园区和50%的省级园区开展循环化改造。

推动农村一二三产业融合发展。大力推动农业循环经济发展，以农牧渔结合、农林结合为导向，优化农业种植、养殖结构，积极发展林下经济，推进稻渔综合种养等养殖业与种植业有效对接模式；推进农产品、林产品加工废弃物综合利用，延伸产业链，提高附加值；拓展农业、林业多功能性，推进农业与旅游、教育、文化、健康养老等产业深度融合，发挥促进扶贫攻坚的积极作用。建立完善全产业链资源循环利用体系，选择国家现代农业示范区、农业可持续发展试验示范区等具备条件的地区开展工农复合型循环经济示范区和种养加结合循环农业示范工程建设。

加强农林废弃物资源化利用。开展农业废弃物资源化利用试点。推动农作物秸秆肥料化、饲料化、燃料化、基料化和原料化利用。鼓励利用林业剩余物生产板材、纸张、活性炭及颗粒、液体燃料生物质能源等。支持规模养殖场建设粪污收集、储运、处理、利用设施。支持建设病死畜禽、水生生物、屠宰废弃物处理设施，因地制宜发展各类沼气工程、有机肥设施，支持在种养大县开展种养结合整县推进及规模化、专业化的生物天然气示范，推动实施果菜茶有机肥替代化肥行动。推进农林加工副产物综合利用。推进废旧农膜、灌溉器材、农药兽药疫苗容器、渔具渔船等回收利用。到2020年，农作物秸秆综合利用率达到85%，林业剩余物综合利用率达到60%。

实施工农复合型循环经济示范区建设行动。选择粮食主产区等具备基础的地区建设20个工农复合型循环经济示范区。以农业生产为基础、以龙头企业为核心，发挥农业专业合作组织作用，按现代产业组织方式，汇集资金、技术、农田等生产要素，向产前投入、产后加工、储藏、运输、销售以及农业废弃物综合利用环节延伸，推进农业与工业、旅游、教育、文化、健康养老等产业横向链接，形成种、养、加、游等深度融合的工农复合型循环经济产业链。

## 农业部印发《农膜回收行动方案》
### （2017年5月）

《方案》提出，到2020年，全国农膜回收网络不断完善，资源化利用水平不断提升，农膜回收利用率达到80%以上，"白色污染"得到有效防控。

《方案》指出，农膜回收行动以西北地区为重点区域，以棉花、玉米、马铃薯为重点作物，以加厚地膜应用、机械化捡拾、专业化回收、资源化利用为主攻方向，完善扶持政策，加强试点示范，强化科技支撑，创新回收机制，推进农膜回收，提升废旧农膜资源化利用水平，防控"白色污染"。

《方案》要求从5个方面推动工作落实。一是推动颁布实施地膜新标准和办法。严格地膜生产标准规范，解决超薄地膜难以回收的问题。加快出台农用地膜回收利用管理办法，加强地膜生产、使用与回收监管。二是建设100个地膜回收补贴示范县。在甘肃、新疆、内蒙古3个重点用膜区，以玉米、棉花、马铃薯3种覆膜作物为重点，选择100个覆膜面积10万亩的县，整县推进，建立示范样板。三是狠抓地膜回收利用机制创新。在甘肃、新疆等建立开展试点，探索由地膜生产企业，统一供膜、统一铺膜、统一回收的生产者责任延伸制度。四是大力推进地膜机械捡拾。对地膜回收机具敞开补贴，应补尽补；组织地膜机械化捡拾现场交流会，观摩机械化作业，展示地膜捡拾机具、回收加工设备；加强残膜机械捡拾、棉秆粉碎与地膜回收一体化作业设备等研发。五是强化监测考核。进一步完善农田残留地膜污染监测网络，建立地膜使用、污染残留和回收利用台账，加强督导调度，完善考核机制，推动工作落实。

## 农业部印发《东北地区秸秆处理行动方案》
### （2017年5月）

　　《方案》强调，要坚持农用有限、多元利用，统筹规划、合理布局，市场导向、政策扶持，科技推动、试点先行的原则。力争到2020年，东北地区秸秆综合利用率达到80%以上，比2015年提高13.4个百分点，新增秸秆利用能力2700多万吨，基本杜绝露天焚烧现象，农村环境得到有效改善；秸秆直接还田和过腹还田水平大幅提升，耕地质量有所提升；培育专业从事秸秆收储运的经营主体1000个以上，年收储能力达到1000万吨以上，新增年秸秆利用量10万吨以上的龙头企业50个以上。

　　在重点任务方面，以粮食生产功能区为重点，提高秸秆农用水平；以新型农业经营主体为依托，提高秸秆收储运专业化水平；以科技创新为支撑，提高秸秆综合利用标准化水平；以产地提档升级为目标，提高秸秆市场化利用水平。

　　在重点工作方面，要求编制升级方案、强化统筹推动，实施一批试点、强化示范带动，搭建创新平台、强化科技支撑，推介典型模式、强化培训推广，推出一批政策、强化发展功能。在保障措施方面，要求加强组织领导、加强技术指导、加强督导考核、加强宣传引导。

## 国务院办公厅印发《关于加快推进畜禽养殖废弃物资源化利用的意见》
### （2017年6月）

　　《意见》指出，以畜牧大县和规模养殖场为重点，以沼气和生物天然气为主要处理方向，以农用有机肥和农村能源为主要利用方向，全面推进畜禽养殖废弃物资源化利用。力争到2020年，建立科学规范、权责清晰、约束有力的畜禽养殖废弃物资源化利用制度，构建种养循环发展机制，全国畜禽粪污综合利用率达到75%以上，规模养殖场粪污处理设施装备配套率达到95%以上，大型规模养殖场粪污处理设施装备配套率提前一年达到100%。畜牧大县、国家现代农业示范区、农业可持续发展试验示范区和现代农业产业园率先实现上述目标。

　　在健全畜禽养殖废弃物资源化利用制度方面，要严格落实畜禽规模养殖环评制度，完善畜禽养殖污染监管制度，建立属地管理责任制度，落实规模养殖场主体责任制度，健全绩效评价考核制度，构建种养循环发展机制。在保障措施方面，要加强财税政策支持，统筹解决用地用电问题，加快畜牧业转型升级，加强科技及装备支撑，强化组织领导。

## 农业部　国家发改委　财政部　国土资源部　环境保护部　水利部
## 联合印发《东北黑土地保护规划纲要（2017—2030年）》
### （2017年6月）

《纲要》指出，到2030年，集中连片、整体推进，实施黑土地保护面积 2.5亿亩（内蒙古自治区0.21亿亩、辽宁省0.19亿亩、吉林省0.62亿亩、黑龙江省1.48亿亩），基本覆盖主要黑土区耕地。通过修复治理和配套设施建设，加快建成一批集中连片、土壤肥沃、生态良好、设施配套、产能稳定的商品粮基地。实现东北黑土区耕地质量平均提高1个等级（别）以上；土壤有机质含量平均达到32克／千克以上、提高2克／千克以上（其中辽河平原平均达到20克／千克以上、提高3克／千克以上）。通过土壤改良、地力培肥和治理修复，有效遏制黑土地退化，持续提升黑土耕地质量，改善黑土区生态环境。

在重点任务方面，《纲要》明确要提升黑土区农田系统、资源利用、生态环境和生产能力的可持续性。在技术模式方面，提出了积造利用有机肥，控污增肥；控制土壤侵蚀，保土保肥；耕作层深松耕，保水保肥；科学施肥灌水，节水节肥；调整优化结构，养地补肥5项技术措施。在保障措施方面，强调要加强组织领导、强化政策扶持、推进科技创新、创新服务机制、强化监督监测。

## 财政部　农业部联合印发
## 《关于深入推进农业领域政府和社会资本合作的实施意见》
### （2017年6月）

《意见》提出，要探索农业领域推广PPP模式的实施路径、成熟模式和长效机制，创新农业公共产品和公共服务市场化供给机制，推动政府职能转变，提高农业投资有效性和公共资源使用效益，提升农业公共服务供给质量和效率。重点引导和鼓励社会资本参与农业绿色发展、高标准农田建设、现代农业产业园、田园综合体、农产品物流与交易平台和"互联网＋"现代农业等领域。

《意见》提出，财政部与农业部联合组织开展国家农业PPP示范区创建工作。各省（自治区、直辖市）财政部门会同农业部门择优选择1个农业产业特点突出、PPP模式推广条件成熟的县级地区作为农业PPP示范区向财政部、农业部推荐。财政部、农业部将从中择优确定"国家农业PPP示范区"。国家农业PPP示范区所属PPP项目，将在PPP示范项目申报筛选和PPP以奖代补资金中获得优先支持。各地财政部门、农业部门要加强对示范区的经验总结和案例推广，推动形成一批可复制、可推广的成功模式，发挥示范引领作用。

《意见》要求，拓宽金融支持渠道，充分发挥中国PPP基金和各地PPP基金的引导作用，鼓励各地设立农业PPP项目担保基金，创新开发适合农业PPP项目的保险产品，开展农业PPP项目资产证券化试点。完善定价调价机制，积极推进农业农村公共服务领域价格改革，合理确定农业公共服务价格水平和补偿机制，探索建立污水垃圾处理农户缴费制度，建立健全价格动态调整和上下游联动机制。加强项目用地保障，在当地土地使用中长期规划中全面考虑农业PPP项目建设需求，并给予优先倾斜。

## 农业部召开全国畜禽养殖废弃物资源化利用会议
### （2017年6月）

2017年6月，农业部在湖南省长沙市召开全国畜禽养殖废弃物资源化利用会议，国务院副总理汪洋出席会议并讲话，要求认真贯彻落实新发展理念，坚持保供给与保环境并重，坚持政府支持、企业主体、市场化运作，全面推进畜禽养殖废弃物资源化利用，改善农业生态环境，构建种养结合、农牧循环的可持续发展新格局。

农业部部长韩长赋要求以落实国务院办公厅《关于加快推进畜禽养殖废弃物资源化利用的意见》为抓手，以畜牧大县和规模养殖场为重点，强化责任落实，加大政策支持，加强技术指导，构建种养结合、农牧循环发展机制，确保到2020年全面解决规模养殖场粪污处理和资源化问题。重点是抓大县，推进整建制治理；抓规模场，推进主体责任到位；抓模式，推进治理技术集成；抓利用，推进种养结合循环发展；抓政策，推进项目整合与创新；抓考核，推进属地管理责任落实。

## 农业部印发《种养结合循环农业示范工程建设规划（2017—2020年）》
### （2017年8月）

《规划》提出，在总体思路上，要围绕种养业发展与资源环境承载力相适应，以及着力解决农村环境脏乱差等突出问题，聚焦畜禽粪便、农作物秸秆等种养业废弃物，按照"以种带养、以养促种"的种养结合循环发展理念，以就地消纳、能量循环、综合利用为主线，以经济效益、生态效益和社会效益并重为导向，采取政府支持、企业运营、社会参与、整县推进的运作方式，构建集约化、标准化、组织化、社会化相结合的种养加协调发展模式，探索典型县域种养业废弃物循环利用的综合性整体解决方案，形成县乡村企联动、建管运行结合的长效机制。

在建设目标上，到2020年，建成300个种养结合循环农业发展示范县，示范县种养业布局更加合理，基本实现作物秸秆、畜禽粪便的综合利用，畜禽粪污综合处理利用率达到75%以上，秸秆综合利用率达到90%以上。新增畜禽粪便处理利用能力2 600万吨，废水处理利用能力30 000万吨，秸秆综合利用能力3 600万吨。探索不同地域、不同体量、不同品种的种养结合循环农业典型模式。

在项目安排上，组织实施标准化饲草基地、标准化养殖场"三改两分"、标准化屠宰场废弃物循环利用、畜禽粪便循环利用和农作物秸秆综合利用等项目。

在建设布局上，将全国种养结合循环农业示范工程建设划分为三大区域，即北方平原区、南方丘陵多雨区和南方平原水网区。在三大区域的种植养殖大县中，建成300个种养结合循环农业示范县。

## 国家发改委　农业部印发《全国畜禽粪污资源化利用整县推进项目工作方案（2018—2020年）》
### （2017年8月）

《方案》提出，2018—2020年，国家发改委、农业部重点选择200个以上畜牧大县开展畜禽粪污处理和资源化利用设施建设。项目建成后，项目县畜禽粪污综合利用率达到90%以上，规模养殖场粪污处理设施装备配套率达到100%，形成整县推进畜禽粪污资源化利用的良好格局。在国家现代农业示范区、国家农业可持续发展试验示范区和现代农业产业园，有机肥替代化肥的比例达到20%以上。

中央投资重点支持规模化养殖场、区域性粪污集中处理中心、大型沼气工程开展畜禽粪污收集、储存、处理、利用等环节的基础设施建设。补助标准按照猪当量50万头以下的，补助上限为3 000万元；猪当量为51万～99万头的，补助上限为4 500万元；猪当量为100万头以上的，补助上限为6 000万元。中央投资原则上分2年予以安排。

## 中共中央办公厅　国务院办公厅印发《关于创新体制机制推进农业绿色发展的意见》
### （2017年10月）

《意见》提出，到2020年，严守18.65亿亩耕地红线，全国耕地质量平均比2015年提高0.5个等级，农田灌溉水有效利用系数提高到0.55以上。主要农作物化肥、农药使用量实现零增长，化肥、农药利用率达到40%；秸秆综合利用率达到85%，养殖废弃物综合利用率达到75%，农膜回收率达到80%。全国森林覆盖率达到23%以上，湿地面积不低于8亿亩，基本农田林网控制率达到95%，草原综合植被盖度达到56%。全国粮食（谷物）综合生产能力稳定在5.5亿吨以上，农产品质量安全水平和品牌农产品占比明显提升，休闲农业和乡村旅游加快发展。

优化农业主体功能与空间布局。落实农业功能区制度，大力实施国家主体功能区战略，加快划定粮食生产功能区、重要农产品生产保护区，认定特色农产品优势区。建立农业生产力布局制度，建立主要农产品生产布局定期监测和动态调整机制，完善粮食主产区利益补偿机制，推进国家农业可持续发展试验示范区创建，同时成为农业绿色发展的试点先行区。完善农业资源环境管控制度，强化耕地、草原、渔业水域、湿地等用途管控，坚持最严格的耕地保护制度，建立农业产业准入负面清单制度。建立农业绿色循环低碳生产制度。建立贫困地区农业绿色开发机制。

强化资源保护与节约利用。建立耕地轮作休耕制度，落实东北黑土地保护制度，全面建立耕地质量监测和等级评价制度，推进高标准农田建设。建立节约高效的农业用水制度，推行农业灌溉用水总量控制和定额管理，强化农业取水许可管理，全面推进农业水价综合改革，突出农艺节水和工程节水措施，积极有序发展雨养农业。健全农业生物资源保护与利用体系，加强动植物种质资源保护利用，加强野生动植物自然保护区建设，实施生物多样性保护重大工程，完善外来物种风险监测评估与防控机制。

加强产地环境保护与治理。建立工业和城镇污染向农业转移防控机制，严格工业和城镇污染物处理和达标排放，开展污染耕地分类治理。健全农业投入品减量使用制度，继续实施化肥农药使用量零增长行动，规范限量使用饲料添加剂，减量使用兽用抗菌药物，建立农业投入品电子追溯制度。完善秸秆和畜禽粪污等资源化利用制度，严格依法落实秸秆禁烧制度，整县推进秸秆全量化综合利用，强化畜禽粪污资源化利用，依法落实规模养殖环境评价准入制度，明确地方政府属地责任和规模养殖场主体责任。完善废旧地膜和包装废弃物等回收处理制度，加快出台新的地膜标准，以县为单位开展地膜使用全回收、消除土壤残留等试验试点。建立农药包装废弃物等回收和集中处理体系。

养护修复农业生态系统。构建田园生态系统，合理确定种养规模，建设完善生物缓冲带、防护林网、灌溉渠系等田间基础设施，恢复田间生物群落和生态链。创新草原保护制度，健全草原产权制度，落实草原生态保护补助奖励政策。健全水生生态保护修复制度，率先在长江流域水生生物保护区实现全面禁捕，推进海洋牧场建设，完善水生生物增殖放流，加强水生生物资源养护。实行林业和湿地养护制度，加快构建退耕还林还草、退耕还湿、防沙治沙，以及石漠化、水土流失综合生态治理长效机制。

健全创新驱动与约束激励机制。构建支撑农业绿色发展的科技创新体系，完善农业绿色科技创新成果评价和转化机制，探索建立农业技术环境风险评估体系。完善农业生态补贴制度，建立与耕地地力提升和责任落实相挂钩的耕地地力保护补贴机制，改革完善农产品价格形成机制，改革渔业补贴政策，完善生态补偿政策，有效利用绿色金融激励机制，加大政府和社会资本合作（PPP）在农业绿色发展领域的推广应用。建立绿色农业标准体系，强化农产品质量安全认证机构监管和认证过程管控，实施农业绿色品牌战略，加快农产品质量安全追溯体系建设。完善绿色农业法律法规体系，健全重大环境事件和污染事故责任追究制度及损害赔偿制度。建立农业资源环境生态监测预警体系，建立重要农业资源台账制度，构建天空地数字农业管理系统。健全农业人才培养机制。

## 农业部举办全国农膜回收行动推进会
### （2017年10月）

2017年10月，农业部在甘肃省兰州市召开全国农膜回收行动推进会，国家首席兽医师张仲秋、甘肃省副省长杨子兴等出席会议并讲话。

会议提出，做好地膜回收要重点强化四方面工作：一是加强组织领导。制订工作方案，细化分工，落实责任，逐步形成上下联动、协同作战的格局，确保各项工作有序推进。二是抓好试点示范。以点带面，重点做好西北地区100个农膜回收示范县建设，以及4个县地膜生产者责任延伸制度试点工作。三是强化政策扶持。推动地膜由使用优先向回收优先转变，落实地膜新标准，研究制定农用地膜回收利用管理办法，提高地膜回收利用率，减少地膜使用规模。四是加强科技支撑。组建国家、省、市、县四级科研专家技术支撑团队，研发一批残膜捡拾、加工利用、膜秆分离等技术和装备，着力解决当前地膜回收难、利用率低的问题。

## 农业部　中国农业银行印发
### 《关于推进金融支持农业绿色发展工作的通知》
### （2017年11月）

《通知》提出，各级农业部门和农业银行要以推动农业绿色发展为基本方向，以深化农业供给侧结构性改革为主线，围绕乡村振兴战略实施，尊重农业发展规律和市场经济规律，坚持政府引导、市场运作，支持一批符合农业绿色发展要求的重点项目，重点支持农业基础设施建设、农业科技创新、农业结构调整、农业面源污染治理。

《通知》要求，各级农业部门和农业银行要根据当地农业发展特色和金融需求特点，加强沟通协作，共同推进服务创新，在创新绿色金融产品、完善信贷支持政策、优化和完善服务渠道、探索多方合作的金融服务模式等方面切实采取有效措施。同时，要做好组织领导、项目筛选、信息共享、监测统计、宣传培训等工作。

## 农业部发布《关于做好第二次全国农业污染源普查有关工作的通知》
### （2017年11月）

《通知》指出，本次普查对象为种植业源、畜禽养殖业源、水产养殖业源以及地膜、秸秆和农业移动源。

在普查任务方面，以已有统计数据为基础，确定抽样调查对象，开展抽样调查，获取普查年度农业生产活动基础数据，根据产排污系数核算污染物产生量和排放量。同时，提供与污染核算相关的农业机械和渔船数据，并积极配合环保部门开展种植业及畜禽养殖业废气污染物排放核算和典型流域农业源入水体负荷研究等工作。

在任务落实方面，农业部成立第二次全国农业污染源普查推进工作组和专家组，要求各级地方农业行政主管部门尽快成立相应的农业污染源普查机构和办公室，县级农业污染源普查机构组织开展涉农乡（镇、街道办事处）、县（市、区、旗、农场、团场）的种植业、畜禽养殖业、水产养殖业、地膜、秸秆基本情况表统计汇总以及规模化畜禽养殖场入户调查。

体系建设

# 机构人员

### 一、全国农业资源环境保护机构人员

截至2017年底，全国省、地（市）、县（区）三级农业资源环境保护机构总数达到2 685个，同比增长1.03%。其中，省级33个、地（市）级335个、县（区）级2 317个。这些机构中，属于行政机构的有122个，占4.54%，比上年降低8.27%；参公单位121个，占4.51%，比上年提高8.92%；事业单位2 442个，占90.95%，比上年增长2.86%。全国农业环境保护机构中独立设置的1 050个，占39.11%；合署办公的1 106个，占41.19%；其他类型的529个，占19.70%。

全国省、地（市）、县（区）三级农业资源环保机构从业人员13 938人，同比提高3.08%。其中，省级575人、地（市）级1 933人、县（区）级11 430人。

从年龄看，35岁及以下人员3 268人，占23.45%，比上年降低1.24%；36～50岁人员7 524人，占53.98%，比上年降低0.25%；51岁及以上人员3 146人，占22.57%，比上年增长1.49%。

从学历看，具有博士研究生学历的32人，占0.23%，与上年相比无增减；硕士研究生学历850人，占6.10%，比上年增长0.36%；本科学历6 432人，占46.15%，比上年增长1.08%；大专学历4 691人，占33.65%，比上年降低0.02%；中专及以下学历1 933人，占13.87%，比上年降低1.41%。

从编制看，公务员编制人员337人，占2.42%；参公编制人员787人，占5.65%；事业单位编制人员12 814人，占91.93%。

从岗位看，管理岗位人员2 107人，占15.12%；专业技术岗位人员10 245人，占73.50%；工勤技能人员1 586人，占11.38%。

从职称看，在全国农业环境保护机构中具有职称的12 936人中，高级职称人员3 055人，占23.62%，比上年增长1.36%；中级职称人员5 076人，占39.24%，比上年增长0.36%；初级职称人员3 542人，占27.38%，比上年增长0.28%；技师（工）1 263人，占9.76%，比上年降低2%。

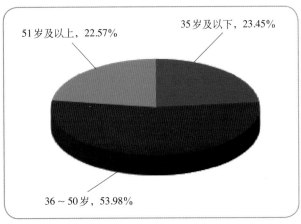

全国农业资源环境保护人员年龄情况

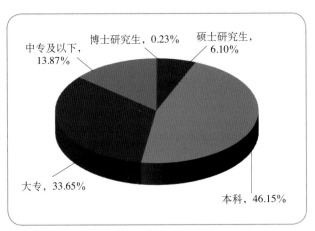

全国农业资源环境保护人员学历情况

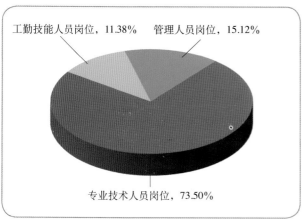

全国农业资源环境保护人员岗位情况

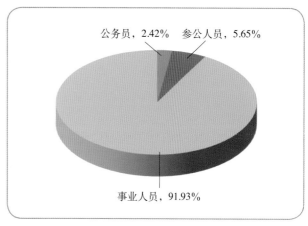

全国农业资源环境保护人员编制情况

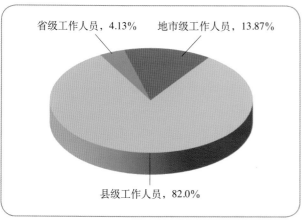

全国农业资源环境保护人员分布情况

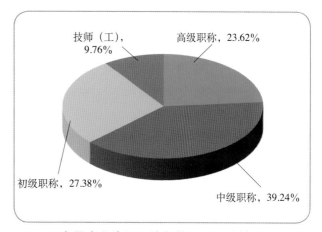

全国农业资源环境保护人员职称情况

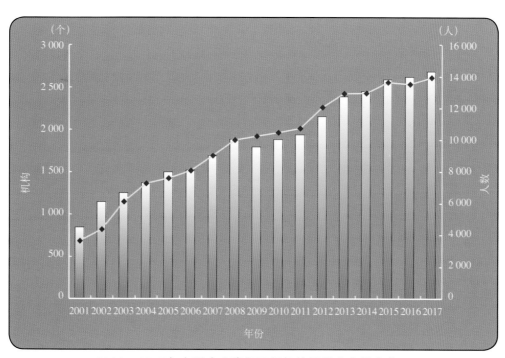

2001—2017年全国农业资源环保机构及从业人员变化

### 二、全国农村能源管理推广机构队伍

截至2017年底，全国农村能源管理推广机构11 354个，比2016年减少8.53%。其中，省级42个，地（市）级329个，县（区）级2 630个，乡（镇）级8 353个。机构从业人员30 381人，同比降低12.90%。其中，省级525人、地（市）级1 739人、县（区）级12 920人、乡（镇）级15 197人。

从年龄看，35岁及以下0.48万人，36～49岁1.51万人，50岁及以上1.05万人，分别占15.77%、49.68%、34.55%。

从学历看，博士研究生41人，硕士研究生742人，本科9 076人，大专12 484人，高中及以下8 038人，分别占0.13%、2.44%、29.88%、41.09%和26.46%。

从编制看，行政0.14万人、参公0.24万人、事业2.65万人，分别占4.73%、8.05%、87.22%。

从岗位看，管理岗位0.6万人、技术岗位1.71万人、工勤岗位0.73万人，分别占19.63%、56.19%、24.18%。

从职称看，高级0.29万人、中级1.06万人、

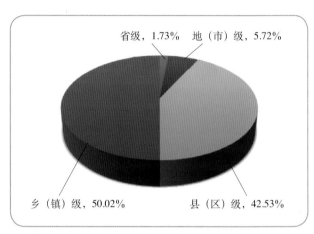

全国农业能源管理人员结构情况

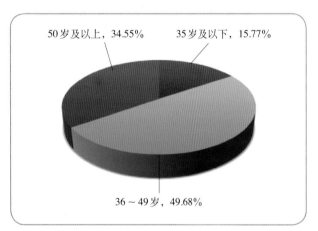

全国农业能源管理人员年龄情况

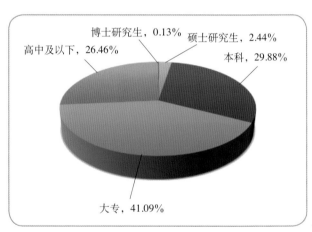

全国农业能源管理人员学历情况

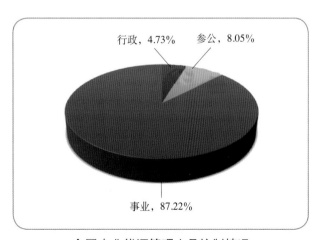

全国农业能源管理人员编制情况

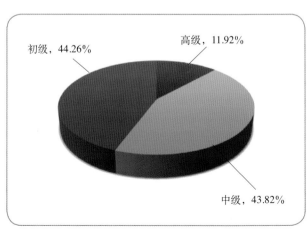

全国农村能源管理人员职称情况

初级1.07万人，分别占11.92%、43.82%、44.26%。

近年来，随着农村能源进入行业转型期，一些地方在国家机构改革的大背景下，不断调整机构设置、合并工作职能，使得农村能源管理推广服务机构存在数量下降和人员流失的现象，机构数由2013年的13 000个下降到12 332个，减少了5.14%，从业人员由2013年的39 900人下降到34 879人，减少了12.58%。

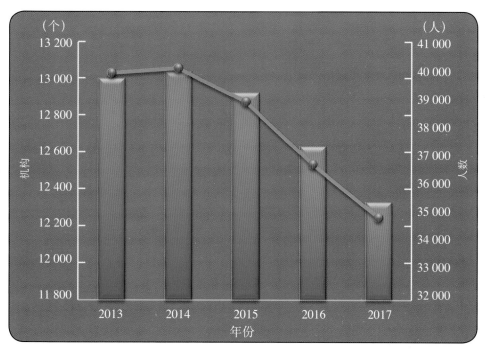

2013—2017年全国农村能源推广机构及从业人员数量变化趋势

## 能力建设

2017年，全国农业资源环保和农村能源系统开展职业技能培训25 796人次，组织体系人员培训5 070 189人次。其中，农业资源环保系统4 673 657人次，农村能源系统396 532人次。

### 2013—2017年全国农业资源环保和农村能源系统开展培训情况

| 年份 | 2013 | 2014 | 2015 | 2016 | 2017 | 合计 |
|---|---|---|---|---|---|---|
| 农业资源环保系统人员培训（人次） | 761 648 | 649 925 | 1 151 703 | 1 055 281 | 1 055 100 | 4 673 657 |
| 农村能源系统人员培训（含职业技能鉴定）（人次） | 147 486 | 84 251 | 78 824 | 48 530 | 37 441 | 396 532 |
| 合计（人次） | 909 134 | 734 176 | 1 230 527 | 1 103 811 | 1 092 541 | 5 070 189 |

### 一、加强职业技能开发

截至2017年底，全国农村能源领域通过职业技能培训和鉴定并获得国家职业资格证书的农民技术员达到34.54万人。其中，沼气生产工32.36万人、沼气物管员0.37万人、农村节能员0.63万人、太阳能利用工0.75万人、其他农村能源利用人员0.43万人。

2013—2017年全国农村能源领域获得国家职业资格证书情况

| 年份 | 沼气生产工（人次） | 沼气物管员（人次） | 农村节能员（人次） | 太阳能利用工（人次） | 生物质能利用工（人次） | 其他农村能源利用人员（人次） | 合计（人次） |
|---|---|---|---|---|---|---|---|
| 2013 | 9 255 | 0 | 34 | 1 329 | 0 | 524 | 11 142 |
| 2014 | 5 333 | 0 | 185 | 1 388 | 53 | 905 | 7 864 |
| 2015 | 2 120 | 849 | 173 | 354 | 0 | 165 | 3 661 |
| 2016 | 967 | 282 | 191 | 577 | 0 | 58 | 2 075 |
| 2017 | 592 | 92 | 6 | 359 | 0 | 5 | 1 054 |
| 合计 | 18 267 | 1 223 | 589 | 4 007 | 53 | 1 657 | 25 796 |

2017年9月，人力资源和社会保障部颁布了《国家职业资格目录》，保留了农业环保能源体系的沼气工，太阳能利用工和农村环保工没有被纳入清单，需要对相关的技能等级认定作出相应调整。

2013—2017年，我国累计开发了3项国家职业标准，组编了5部培训教材，开发了2套鉴定试题库。举办了3期农业环保能源体系鉴定考评员培训班，为省、市级从事鉴定工作的单位培训了一批鉴定考评员；累计组织11期近200人次参加农业部鉴定指导中心组织的职业技能鉴定督导员培训、职业技能工作人员培训和管理人员培训；组织召开了5次年度鉴定工作座谈会。

## 二、提升体系素质能力

1. 举办农业资源环境保护与农村能源体系省级管理干部能力建设培训班　2017年5月，农业部农业生态与资源保护总站（以下简称农业部生态总站）在广西壮族自治区桂林市举办了全国农业资源环境保护与农村能源体系省级管理干部能力建设培训班，以推进农业供给侧结构性改革和绿色发展为主题，邀请专家围绕2017年中央1号文件、农业绿色发展和生态环境保护等内容进行了专题讲解，实地考察了恭城县发展生态农业的典型做法和经验。来自全国各省农业资源环保站和农村能源办负责人近80人参加了培训。

农业资源环境保护与农村能源体系省级管理干部能力建设培训班

2013—2017年，围绕不同主题，累计举办5期培训班，培训省级体系管理干部400余人次。

2. 召开农业资源环境保护与农业能源体系区域交流研讨会 2017年12月，农业部生态总站在山东省烟台市举办了华东地区农业资源环境保护与农村能源体系区域交流研讨会，来自华东地区农业资源环保和农村能源体系的领导和专家30人参加了会议，与会代表围绕各地农业资源环境保护与农村能源体系建设和改革情况，以及相关业务工作进行了深入交流。

2013—2017年，分别在华中、华北、西北、华东、西南地区举办了5期体系区域交流研讨会，加强不同区域体系之间业务交流和沟通协作。

华东地区农业资源环境保护与农村能源体系区域交流研讨会

3. 举办农业资源环境保护和农村能源体系专业技术骨干培训班 2017年5月，农业部生态总站在广东省广州市举办了农村能源工程专业技术人员高级培训班，邀请行业内11位知名专家为学员授课，来自全国28个省农村能源主管部门的35名专业技术骨干参加了培训。9月，在北京举办了农业环境保护理论与工程技术高级培训班，邀请行业内有关专家和领导为学员授课，来自全国23个省份农业资源环境保护主管部门的29名专业技术骨干参加了培训。

2016—2017年，农业部生态总站共计举办

农村能源工程专业技术人员高级培训班

农业环境保护理论与工程技术高级培训班

了3期农业资源环境保护和农村能源体系专业技术骨干人员培训班，累计培训人员93人次。

专栏：浙江省成立农业生态与能源技术创新与推广服务团队

2017年3月，浙江省在杭州市召开农业生态与能源技术创新与推广服务团队成立大会，来自浙江大学、浙江省农业科学院等"三农六方"科研单位、浙江省市县农业生态能源系统及企业的专家组成员和技术骨干共80余人参加了会议。浙江省农业厅陈利江副厅长等领导向团队专家颁发了聘书，聘期4年。专家服务团队共有74名专家，涵盖了农科教、产学研、省市县及生产经营主体，设有农村能源、秸秆利用以及农业面源污染监测与评价3个技术

小组，配有5名首席专家和1名首席推广专家，研究内容涉及能源、土壤、肥料、生态循环农业、环境等多学科，承担全省相关领域技术咨询与指导工作。

专栏：四川省完善农村能源政策法规

2017年，四川省修订了《四川省农村能源条例》，获得四川省第十二届人大常委会通过。《条例》主要修正内容包括取消和下放部分行政权力事项、增加信用监督管理制度等。省农业厅出台了《四川省农村能源碳交易项目开发管理办法》，进一步规范了农村能源碳交易项目管理；出台了《四川省农村能源安全生产应急预案》，进一步强化了农村能源安全生产事故防范处置能力，提高了应急管理效率，提升了应急救援水平。

## 行业信息化

### 一、启动生态环境保护信息化工程专项

2017年11月，国家发改委印发《生态环境保护信息化工程初步设计和投资概算》，规定项目建设期为2018—2020年，总投资为40861万元，其中农业生态环境信息系统4143万元，2018年预算资金为2014万元。农业部生态总站按照工程建设要求，组织编写了项目建设工作方案，制定项目管理工作制度，拟定了2018年工作计划。

### 二、推进信息化综合展示平台建设

1. 拓展卫星遥感技术应用领域　在甘肃省张掖市临泽县组织实施了卫星遥感提取地膜信息试点研究项目，验证了利用高分卫星遥感在西北地区提取地膜信息的可行性。与国家测绘应用中心探讨利用遥感监测技术开展农作物秸秆禁烧、农用地膜覆盖、重金属污染耕地治理、外来入侵物种监控等领域深层次合作，在农业部生态总站部署了一套实时更新的高分卫星影像前置服务器，为土壤详查工作提供信息服务。

2. 开展农业资环与农村能源行业统计培训　2017年，农业部生态总站对现有行业统计软件进行了升级与开发，并于6月和11月分别在云南省和贵州省举办了2期行业统计培训班，对2个行业的省级统计员进行了软件应用培训，一些省在培训后启动了统计软件试运行。

3. 开展信息资源整合工作　根据《国务院关于加快推进"互联网+政务服务"工作的指导意见》以及农业部工作部署，农业部生态总站进一步整合设置官方网站，完成农业部生态总站信息资源目录编制工作。

### 三、编辑出版行业发展报告

2017年，农业部生态总站组织编写了《2017农业资源环境保护与农村能源发展报告》。该《报告》系统总结了农业资源环境保护与农村能源行业2016年工作取得的新进展、新成效、新经验、新典型，11月由中国农业出版社正式出版发行。编制印发了《2016年全国农村能源可再生能源统计汇总表》和《2016年全国农业资源环境信息统计年报》。

## 社团组织

## 中国农业生态环境保护协会

### 一、完成协会现场评估工作

2017年，协会进一步完善规章制度，理清历史档案，开展社团建设调研，编制准备现场评

估相关材料。3月，民政部社团评估组对协会进行了现场评估，获得AAA级协会荣誉。

## 二、组织开展协会换届工作

2017年8月，协会召开第八次全国会员代表大会，选举产生了新一届理事会，并修订了协会章程，对《协会会员会费标准及管理办法》等制度进行了完善。同时，成立了畜牧环境与废弃物资源化利用专业委员会。

中国农业生态环境保护协会第八次全国会员代表大会

## 三、积极推动多方合作

一是按照GEF-6小额赠款"西北绿洲农业高效立体栽培技术示范项目"设计，组织有关专家和人员赴甘肃古城现代生态农业创新示范基地进行了现场调查和考察，明确了项目责任分工，

搜集了有关基线信息和气候资料，安排了有关试验调查和监测任务。

二是联合国家废弃物循环利用创新联盟、荷兰驻华使馆、中国农业科学院共同举办了中荷畜禽废弃物资源化创新研讨会，来自中国和荷兰的专家及企业界人士200余人参加了会议。

## 四、开展学术交流研讨

2017年1月，协会在广东省广州市举办了可降解地膜交流活动，来自地膜生产企业、科研单位及部分省农业资源环保站的代表50余人参加了会议；7月，在广东省江门市举办了全国农业面源污染治理现场会暨技术培训班，邀请专家围绕农业面源污染治理政策、成果、技术等进行了讲解，专家和代表近170人参加了培训；8月，在上海组织召开了农业废弃物循环利用与农业绿色发展研讨会，来自全国有关科研单位、农业环保部门、相关环保企业的180余名代表参加了会议。

2013—2017年，协会新成立了农产品产地污染修复及安全利用分会、农用地膜污染防治分会、土壤消毒分会和畜牧环境与废弃物资源化利用专业委员会。组织举办或联合举办了一系列学术交流、主题展览和科普宣传等活动。

### 2013—2017年协会主要活动一览表

| 序号 | 活动名称 | 举办年份 | 组织方式 |
|---|---|---|---|
| 1 | 农业农村环境保护技术与经验国际交流会 | 2013 | 独立举办 |
| 2 | 第15届中国科学技术协会年会第18分会场"农业生态环境保护与环境污染突发事件应急处理"研讨会 | 2013 | 联合举办 |
| 3 | "倡导绿色消费，保护农业环境"主题展览活动 | 2013 | 联合举办 |
| 4 | 蔬菜废弃物资源化处理利用专题研讨会 | 2014 | 独立举办 |
| 5 | 现代农业发展论坛农业清洁生产分论坛 | 2014 | 联合举办 |
| 6 | "粮食可持续生产：土地与水资源利用"专题研讨会 | 2014 | 联合举办（国际） |
| 7 | 《中华人民共和国环境保护法（修订版）》立法评估会 | 2014 | 参加 |

（续）

| 序号 | 活动名称 | 举办年份 | 组织方式 |
|---|---|---|---|
| 8 | 畜禽养殖排放环境影响专题研讨会 | 2015 | 联合举办 |
| 9 | 第八届中国环境与健康宣传周启动仪式 | 2015 | 参加 |
| 10 | 秸秆资源化利用现场活动 | 2015 | 联合举办 |
| 11 | 农用地膜综合利用现场交流活动 | 2015 | 独立举办 |
| 12 | （国际）农废无害化处理及副产物综合利用展览会 | 2015届、2016届 | 独立举办（国际） |
| 13 | 第五届农业生态与环境安全学术研讨会暨湖泊主题面源课题研讨会 | 2016 | 联合举办 |
| 14 | 广东农业面源污染治理国际研讨会 | 2016 | 参与举办 |
| 15 | 第二届农田副产物综合利用处理技术论坛 | 2016 | 参与举办 |
| 16 | 可降解地膜试验示范现场会 | 2016 | 独立举办 |
| 17 | 土传病虫害防控展区亮相中国国际农产品交易会 | 2016 | 参加 |
| 18 | 中荷畜禽废弃物资源化创新研讨会 | 2017 | 独立举办 |
| 19 | 可降解地膜交流活动 | 2017 | 独立举办 |
| 20 | 全国农业面源污染治理现场会暨技术培训班 | 2017 | 独立举办 |
| 21 | 农业废弃物循环利用与农业绿色发展研讨会 | 2017 | 独立举办 |

# 中国沼气学会

## 一、组织开展学术交流和技术培训

2017年5月、7月、10月、11月，学会配合农业部生态总站在广西桂林、甘肃张掖、河北石家庄、北京等地举办4次全国农村能源系统干部学术交流会和技术培训班，解读国家相关政策文件，推广典型技术模式，交流成果经验，凝聚行业共识。

## 二、举办中国沼气学会学术年会暨中德沼气合作论坛

2017年10月，学会联合清华大学、德国农业协会在北京国家会议中心召开学会年会暨中德沼气合作论坛。邀请相关专家作了40余场专题讲座。在此期间，协办了第15届国际水协会厌

氧大会，对于提升学会国内和国际影响力、推动我国沼气事业与国际同行交流和国际发展接轨产生重要影响。

中国沼气学会学术年会暨中德沼气合作论坛

## 三、组织开展沼气产业创新创业大赛

2017年10月，学会联合清华大学环境学院、江苏省（宜兴）环保产业技术研究院、武汉四方

光电科技有限公司，以"寻找沼气领域的独角兽"为主题，在清华大学环境学院举办首届"四方杯"沼气产业创新创业大赛。北京三益能源环保发展股份有限公司等9家企业和清华大学、中国农业大学等11所高校团队参加了现场演示和答辩。经评审专家组严格评审，共评出特等奖1名、优胜奖2名、优秀奖3名，此外，还评出最佳创新奖、最佳创业奖、最佳团队奖和最佳活力奖4个单项奖。

2013—2017年，学会紧密围绕沼气科技创新和学科前沿的重点、热点和难点问题，积极搭建科技交流平台，举办学术论坛、技术交流及研讨活动20余次，参会人数近3 000人次，发表论文500余篇。主办《中国沼气》科技期刊，编辑出版《沼气技术手册——户用沼气篇》，编印《中国沼气学会会员单位宣传册》《中国沼气学会会员宣传册》，为推动沼气科技进步发挥了重要作用。

### 2013—2017年学会主要活动一览表

| 序号 | 活动名称 | 举办年份 | 组织方式 |
| --- | --- | --- | --- |
| 1 | 华南地区农村能源技术培训班暨区域交流会 | 2013 | 联合举办 |
| 2 | 西北地区农村能源技术培训班暨区域交流会 | 2013 | 联合举办 |
| 3 | 第六届东盟与中日韩（"10+3"）生物质能发展论坛 | 2013 | 联合举办 |
| 4 | 华中地区农村能源技术培训班暨区域交流会 | 2014 | 联合举办 |
| 5 | 西南地区农村能源技术培训班暨区域交流会 | 2014 | 联合举办 |
| 6 | 东北华北地区农村能源技术培训班暨区域交流会 | 2014 | 联合举办 |
| 7 | 规模化沼气工程培训班 | 2015 | 联合举办 |
| 8 | 农村能源综合建设技术培训班 | 2016 | 联合举办 |
| 9 | 组织赴德国、丹麦和荷兰等国家开展培训考察 | 2013—2017 | 联合组织 |
| 10 | 优秀论文评选活动 | 2013—2017 | 独立举办 |
| 11 | 全国农村能源系统干部学术交流会和技术培训班（4期） | 2017 | 独立举办 |
| 12 | 首届"四方杯"沼气产业创新创业大赛 | 2017 | 联合举办 |
| 13 | 学会年会暨中德沼气合作论坛 | 2017 | 联合举办 |

# 中国农村能源行业协会

## 一、加强协会自身建设

2017年，根据《社会组织评估管理办法》和《关于开展2016年度全国性社会组织评估工作的通知》要求，经第三方机构初评，全国性社会组织评估委员会终评、公示，协会被评为2016年度AAA级社会组织。2月，根据行业协会商会与行政机关脱钩联合工作组《关于公布2017年全国性行业协会商会脱钩试点名单（第三批）的通知》要求，按照"五分离""五规范"的总体部署，启动实施中国农村能源行业协会与业务主管单位脱钩工作。6月，协会召开第六届理事会第五次会议，选举邹瑞苍任协会会长，并报民政部备案。2017年协会新入会企业20家，其中节能炉具19家、沼气1家，涉及农村能源行业研究设计、生产、经销等领域。10月，协会举办了"太阳能利用工国家职业资格"培训班，对成绩合格的学员颁发了太阳能利用工国家职业资格证书。

## 二、组织开展学术交流

2017年4月，协会在河北省廊坊市举办2017中国民用清洁采暖高峰论坛。围绕煤改电、煤改气、太阳能、生物质能等新能源和可再生能源及煤炭清洁高效利用等进行了研讨。来自政府部门、行业体系和会员企业代表400余人参加了论坛。6月，协会联合中国可再生能源学会、生物质能源产业技术创新战略联盟、西南林业大学主办第11届全国研究生生物质能研讨会，交流了生物质能学科领域的最新研究成果，探讨解决我国目前生物质能发展遇到的瓶颈问题。主办《农村可再生能源及生态环境动态》协会会刊，编辑出版《2017年中国农村能源行业年度研究报告》。

## 三、组织开展行业活动

2017年5月，协会联合中国沼气协会在上海举办2017年中国环博会沼气分论坛。邀请有关专家围绕11个主题进行了讲解。来自沼气行业的专家、企业代表260多人参加论坛。6月，协会启动中国太阳能热利用行业"标准化良好行为企业"评选活动，从申报的49家企业中评选出41家企业，并授予2017年"标准化良好行为企业"称号。7月，协会联合中关村紫能生物质燃气产业联盟在内蒙古自治区赤峰市举办第五届生物质燃气论坛，论坛以"绿色发展模式下的生物质燃气产业创新之路"为主题，探讨了解决生物质废弃物综合利用问题。8月，协会组织开展"2017年售后服务先进企业"评选活动。从申

报的67家企业中评选出55家企业，并授予他们"2017年度中国太阳能热利用行业售后服务先进单位"。11月，协会在山西省应县组织了农村清洁取暖炉具"领跑者"产品统一测试活动。对31家企业38台炉具产品进行统一测试，形成了农村清洁取暖炉具"领跑者"目录和农村清洁取暖解决方案，向政府和社会公开推荐，并在"暖博会/炉博会"上予以集中展示。12月，协会与山东郯城县政府共同举办临沂市生物质锅炉（试点）推广应用现场会。推进临沂市生物质成型燃料配套生物质专用锅炉产业化运营项目的试点示范工作。此外，协会组织会员企业参加第14届中国国际（武汉）太阳能热利用产品博览会、2017首届中国能源产业发展年会。

## 四、组织开展行业标准制修订

2017年，协会组织会员企业召开了6次标准编写研讨会，对已经颁布实施的行业标准进行了宣贯，对能源行业标准编写的具体要求和内容进行了深入、细致的讲解。10月，受国家标准化管理委员会的委派，协调组织国内有关单位和专家，参加了国际标准化组织ISO/TC 285技术委员会在尼泊尔组织召开的清洁炉灶标准研讨会。

截至2017年底，共有75项农村能源标准已被国家能源局正式批复列入标准编制计划。其中，《生物质清洁炊事炉具》标准列入国家标准编制计划。2013—2017年组织申报了能源行业标准44个，完成报批并发布的能源行业标准共42项，全部是新制定的标准，完成了25个标准技术评审。组织召开了10多次各种形式的标准编写研讨会和培训班，对已颁布的有关标准进行了宣贯培训。

2013—2017年，协会按照服务会员、服务行业、服务政府的要求，组织开展了一系列技术咨询、学术交流等活动。

2013—2017年学会主要活动一览表

| 序号 | 活动名称 | 举办年份 | 组织方式 |
|---|---|---|---|
| 1 | 节能炉具行业第二轮诚信建设评审 | 2013 | 独立举办 |
| 2 | 全国生物质成型燃料设备技术测评活动 | 2013 | 联合主办 |
| 3 | 节能环保炉具（锅炉）及清洁燃料行业论坛 | 2016 | 独立举办 |
| 4 | ISO/TC 285清洁炉灶标准会议 | 2016 | 参加（国际） |
| 5 | 中国清洁炉灶燃料国际研讨会 | 2016 | 联合举办 |
| 6 | 清洁炉灶展览会和论坛 | 2016 | 参加（国际） |
| 7 | 全球清洁炉灶未来峰会 | 2016 | 参加（国际） |
| 8 | 2017年中国环博会沼气分论坛 | 2017 | 联合举办 |
| 9 | 中国太阳能热利用行业"标准化良好行为企业"评选活动 | 2017 | 独立举办 |
| 10 | 第五届生物质燃气论坛 | 2017 | 联合举办 |
| 11 | "2017年售后服务先进企业"评选活动 | 2017 | 独立举办 |
| 12 | 农村清洁取暖炉具"领跑者"产品统一测试活动 | 2017 | 独立举办 |
| 13 | 临沂市生物质锅炉（试点）推广应用现场会 | 2017 | 联合举办 |

农业野生植物保护

## 资源调查与收集

2017年，农业部生态总站组织对《国家重点保护野生植物名录（第二批）》农业部分进行了修改完善。完成农业野生植物资源调查与保护系列丛书湖北卷、云南卷等的编印工作。

2013—2017年，重点支持各省（自治区、直辖市）对野生稻、野生大豆、小麦近缘野生植物、野生蔬菜、野生花卉和野生果树及其他列入《国家重点保护野生植物名录》的相关物种进行本底调查。各地根据自身资源状况，先后制订了农业野生植物资源调查方案，组建了调查工作技术支持团队，开展了深入的调查工作，获得了大量的野生植物生境数据、原植物图片及伴生植物数据。在调查过程中，许多省份还发现了一些宝贵的新资源。如福建首次发现野生柑橘的分布；辽宁发现8个野生兰科植物种群；河南发现了近30年未在野外观察到的葛枣猕猴桃、叉唇无喙兰等珍稀物种；广西在贺州市发现2个野生白毛茶居群，在来宾市发现1个野生白牛茶居群和野生大豆2处新的原生境分布点；海南新发现2属8种兰科植物；宁夏发现稀有兰科植物裂瓣角盘兰；陕西发现该省特有物种太白山鸟巢兰分布点，并首次发现肾唇虾脊兰、纤叶钗子股、裂唇虎舌兰在该省的分布区域。

中国农业科学院作物科学研究所组织果树研究所、麻类研究所、湖南农业大学、广西壮族自治区农业科学院、海南省农业科学院、广东省农业科学院等单位，分别进行了野生苹果、野生茶树、野生苎麻、野生稻、野生大豆、小麦野生近缘植物等植物资源的考察，利用GPS仪对发现的每个野生植物分布点进行GPS定位，共调查广西、广东、海南等9个省份的野生稻；湖南、湖北、重庆等7个省份的野生大豆；湖南、贵州的野生苎麻；新疆小麦野生近缘植物；长江流域野生葡萄；云南野生茶树等资源，定位

并收集各类农业野生植物资源949份，其中，野生稻213份、野生果树112份（枝条）、野生茶树31份（种子、枝条）、野生苎麻239份、野生大豆254份、小麦野生近缘植物100份。中国农业科学院蔬菜花卉研究所分别在云南、贵州、广西等地对4个带叶兜兰原生境居群进行调查；中国热带农业科学院海口试验站加大对海南、云南、广西、贵州等地的热带珍稀野生果树资源考察，收集热带珍稀、野生果树资源20个种近70份。

在各省份资源调查基础上，农业部生态总站组织编印了《农业野生植物资源调查与保护系列丛书》湖北卷、云南卷、贵州卷、辽宁卷等，河南、江苏、甘肃等省份先后出版了该省份国家重点保护农业野生植物图鉴，广西组织编印了《广西野生茶原生境图谱》《广西野生茶种质资源集锦》《广西野生茶保护与开发论文专集》。

各地通过调查发现，农业野生植物保护形势更加严峻。在江苏，由于滩涂开发和过度采挖，连云港的珊瑚菜种质严重流失，在海边已很少发现；野生大豆原来从南到北可见大面积的居群，现在只有零星分布；在内蒙古，肉苁蓉的寄主梭梭林的分布范围和密度明显缩减，近年来随着蒙古口蘑与肉苁蓉经济价值的逐年飙升，越来越多的野生植株遭到了毁灭性盗采，分布范围和密度明显缩减；在云南和贵州，挖掘野生兰花达到了疯狂的程度，兰花资源几乎遭受到灭顶之灾；在安徽大别山区，野生栝楼、盾叶薯蓣、穿龙薯蓣、明党参种群数量逐年减少，且多为零星分布，集中分布的较少。

在调查的基础上，中国农业科学院作物科学研究所、果树研究所、麻类研究所、中国热带农业科学院热带作物品种资源研究所等单位开展濒危珍稀农业野生植物资源抢救性收集工作。据不完全统计，共收集农业野生植物资源2 079份。其中，野生兰花147份、金荞麦64份、野生果树245份、野生茶树79份（种子、枝

条)、野生苎麻243份、野生稻128份、野生大豆1 057份、小麦野生近缘植物104份、其他植物12份。

## 鉴定评价

2013—2017年，中国农业科学院等对野生稻、野大豆、野生果树等野生植物资源的抗旱、抗寒、抗病等优异性状进行鉴定评价，从中筛选具有重要利用前景的农业野生植物资源。如中国农业科学院作物科学研究所在山东济宁稻瘟病病区种植从全国收集的普通野生稻资源350份，对所有供试材料对苗瘟、叶瘟和穗颈瘟进行抗性鉴定，共鉴定出7份高抗稻瘟病资源和77份中抗稻瘟病资源；对来自非洲的野生稻进行人工控制条件的耐寒性鉴定；从全国收集的314份野生苎麻资源中筛选出3份生物量大、苎麻纤维品质好、吸收重金属能力强的优异野生苎麻种质资源。中国农业科学院蔬菜花卉研究所开展近50份带叶兜兰种质资源生物学性状及种质资源遗传多样性评价，为不同居群的带叶兜兰种质资源的分类、鉴定、利用及杂交育种改良等提供了依据。中国农业科学院果树研究所通过野外性状观察和室内人工鉴定评价，筛选出野生苹果、李优异资源，包括扎矮山定子、平邑甜茶、平顶海棠、红花垂丝海棠等。中国热带农业科学院热带作物品种资源研究所开展了美花兰、盘龙参、金线莲的离体保存和快繁技术研究，对美花兰进行低海拔适应性驯化，开花率由5.6%提高到47%，从金线莲样本中分离鉴定了黄酮类、三萜类、甾体类等活性化合物11种。中国农业大学利用江西东乡与云南元江野生稻资源，筛选出7个耐旱和10份耐低氮的新材料，定位了6个来自野生稻的抗旱基因和10个氮素高效利用基因，克隆了3个耐旱基因、1个氮高效利用基因和1个穗型基因，申请国家发明专利4项、国际专利1项。吉林省农业科学院利用主推

大豆品种和抗胞囊线虫、高异黄酮、抗灰斑病、耐旱等优异资源配置了16个杂交组合，获得了耐盐碱分离群体和耐旱分离群体。其中，含野生大豆血缘的"吉科豆10号"通过吉林省品种审定。

吉林省农业科学院开展野生大豆胞囊线虫病的鉴定评价

## 原生境保护

2017年，农业部生态总站指导湖北、湖南、山西等地建设农业野生植物原生境保护点9个。至此，全国保护点总数达到199个，共保护野生稻、野生大豆、野生花卉、野生中药材、野生果树等26个科65种植物。利用无人机低空遥感技术对南方（广西）野生稻原生境保护区情况进行监测，对广西普通野生稻原生境保护区进行综合评估。结果显示，保护点内的目标物种的平均密度明显趋于稳定增长趋势，样方内伴生物种的种类与株数也在增多，群落组成逐渐丰富，群落稳定性增强。举办了农业野生植物原生境保护区建设项目交流会，对获得批复的山西、湖北、湖南等省种子工程投资的农业野生植物原生境保护区项目进行了交流，并完成2018年项目申报指南的编制工作。

2013—2017年，新建农业野生植物原生境保护点41处，落实中央投资12 551万元，新增保护面积74 587.3亩，涉及野莲、野大豆、雪莲、肉苁蓉等25个物种。

### 2013—2017年中央投资建设农业野生植物原生境保护点情况

| 年份 | 2013 | 2014 | 2015 | 2016 | 2017 |
|---|---|---|---|---|---|
| 投资额（万元） | 2 695 | 2 031 | 3 570 | 0 | 4 255 |

### 2013—2017年农业野生植物原生境保护点建设项目

| 年份 | 项目名称 |
|---|---|
| 2013 | 河北省承德市双桥区河北梨原生境保护点 |
| 2013 | 辽宁省彰武县野生莲原生境保护点 |
| 2013 | 吉林省大安市野生大豆原生境保护点 |
| 2013 | 黑龙江省依安县野生大豆原生境保护点 |
| 2013 | 安徽省滁州市中华结缕草原生境保护点 |
| 2013 | 安徽省郎溪县野菱原生境保护点 |
| 2013 | 河南省栾川县野生中华猕猴桃原生境保护点 |
| 2013 | 湖北省崇阳县罗家冲野生中华猕猴桃原生境保护点 |
| 2013 | 湖南省津市市野菱原生境保护点 |
| 2013 | 广西壮族自治区桂平市野生稻原生境保护点 |
| 2013 | 陕西省镇坪县野生大豆和黄连原生境保护点 |
| 2013 | 甘肃省瓜州县野生肉苁蓉原生境保护点 |
| 2013 | 新疆维吾尔自治区伊吾县喀尔里克山雪莲原生境保护点 |
| 2013 | 贵州省江口县野生兰花原生境保护点 |
| 2014 | 黑龙江省庆安县野生大豆原生境保护点 |
| 2014 | 湖北省浠水县芝麻糊野莲原生境保护点 |
| 2014 | 湖北省通城县天岳关野生中华猕猴桃原生境保护点 |
| 2014 | 湖北省来凤县野生金荞麦原生境保护点 |
| 2014 | 湖北省蕲春县仙人台野生中华猕猴桃原生境保护点 |
| 2014 | 湖南省龙山县野生中华猕猴桃原生境保护点 |
| 2014 | 湖南省怀化市鹤城区野生杜鹃原生境保护点 |
| 2014 | 广西壮族自治区融水县元宝山野生茶种质原生境保护点 |
| 2014 | 贵州省普安县野生四球茶原生境保护点 |
| 2014 | 新疆维吾尔自治区沙雅县胀果甘草原生境保护点 |
| 2015 | 山东省东营市黄河三角洲野大豆原生境保护区 |

（续）

| 年份 | 项目名称 |
| --- | --- |
| 2015 | 湖北省郧西县大梁野生五味子原生境保护区 |
| 2015 | 湖南省益阳市赫山区野菱原生境保护区 |
| 2015 | 湖南省永顺县野生猕猴桃原生境保护区 |
| 2015 | 四川省万源市野生大豆原生境保护区 |
| 2015 | 贵州省荔波县野生桑猕猴桃兰花原生境保护区 |
| 2015 | 宁夏回族自治区吴忠市利通区野生发菜原生境保护区 |
| 2015 | 新疆维吾尔自治区伊宁县新疆阿魏原生境保护区 |
| 2017 | 山西省浑源县野生黄芪原生境保护区 |
| 2017 | 山西省方山县草苁蓉原生境保护区 |
| 2017 | 湖北省五峰野生兰科植物原生境保护区 |
| 2017 | 湖北省随县蕙兰、春兰原生境保护区 |
| 2017 | 湖北省咸安梓山湖粗梗水蕨、野莲、野菱原生境保护区 |
| 2017 | 湖北省英山穿龙薯蓣、盾叶薯蓣、八角莲原生境保护区 |
| 2017 | 湖南省桂东县野生莼菜自然保护区 |
| 2017 | 湖南省洪江市野生猕猴桃自然保护区 |
| 2017 | 湖南省麻阳县野生宜昌橙自然保护区 |

　　各地十分重视农业野生植物原生境保护点建设和管护工作。许多省份对保护点工作房、看护房、围栏和瞭望塔等基础设施进行了维护，并加强了制度建设。如河南省制定了《河南省农业野生植物原生境保护点（区）管护工作规定》《河南省农业野生植物原生境保护点（区）管护人员职责》等5项工作制度，省农业厅还与各个保护点签订了《农业野生植物原生境保护点监测与管护实施合同》。

　　在加强管护工作的基础上，各地还依据《农业野生植物原生境保护点监测预警技术规范》开展资源监测。如广西、湖北和宁夏等地选择野生稻、野生大豆、小麦野生近缘植物、野生茶树、野生荔枝、野生莲、野生金荞麦、野生花卉、野生药用植物的15个原生境保护点开展了跟踪监测。湖南省在已建成的原生境保护点建设18个定位监测点，累计获得有效数据4 150个。四川在马湖湖区、川东南地区、川西北地区、川东北地区建立了15个监测预警点，对野生莼菜、兰科植物、野生大豆、野生猕猴桃开展了集中监测。湖北省大冶市野大豆原生境保护点和宜都市宜昌橙原生境保护点开展了基于物联网的实时监测试点工作。

## 技术支撑及宣传培训

　　2017年，中国野生植物保护协会农业分会召开换届改选大会，选举产生第三届理事会，产生了常务理事和副会长、会长。在贵州省铜仁市举办了农业资源保护技术培训班,来自各省农业资源保护的管理和技术人员约550人参加了培训。针对"采集国家一级保护野生植物"行政审批事项的下放工作,在四川省苍溪县举办已下放行政审批事项培训班和农业野生植物资源利用技术培训班。

近年来,围绕技术支撑和宣传培训,开展了以下主要工作:

在科学研究方面,中国农业科学院蔬菜花卉研究所依托公益性行业(农业)科研专项"国家重点保护野生花卉人工驯化繁殖及栽培技术研究与示范",对杏黄兜兰、硬叶兜兰和亨利兜兰资源生境进行调查分析,对其生存的环境安全进行评价,为兜兰野生资源的人工驯化栽培研究和利用提供科学依据,并研究无菌播种及组织快繁高效繁殖技术,开展规模化生产并进行示范推广。

在标准建设方面,根据行业发展的需要,颁布了6项农业野生植物行业标准,为行业调查、鉴定评价、监测预警等提供了有力的技术支持。

## 农业野生植物行业标准

| 序号 | 标准名称 |
| --- | --- |
| 1 | NY/T 1668—2008 农业野生植物原生境保护点建设技术规范 |
| 2 | NY/T 1669—2008 农业野生植物调查技术规范 |
| 3 | NY/T 2175—2012 农作物优异种质资源评价规范 野生稻 |
| 4 | NY/T 2216—2012 农业野生植物原生境保护点监测预警技术规程 |
| 5 | NY/T 2217.1—2012 农业野生植物异位保存技术规程 第1部分:总则 |
| 6 | NY/T 3069—2016 农业野生植物自然保护区建设标准 |

在行政审批方面,农业部修订了《出口农业行政主管部门管理的国家重点保护或者国际公约限制进出口的野生植物审批规范》和审批标准。针对农业野生植物的行政审批事项,江苏省明确国家保护野生植物的批准层行政审批的责任清单,排查廉政风险点,明确防控措施,提高行政审批工作科学化、制度化和规范化水平。湖南省针对野生植物采集等每项行政许可制定出办事指南,实现行政许可规范化、信息化、透明化。

在技术培训方面,充分发挥卫星平台和互联网平台远程传输、实时快捷的优势,通过农业广播电视学校(以下简称农广校)卫星远程培训系统750多个卫星远端接收站点,面向全国农业野生植物保护技术人员、管理人员举办3期远程培训。利用培训班音视频资源制作网络课件,在农业部网站"农科讲堂"栏目发布,提供在线学习服务。收集整理农业野生植物保护相关法律法规、科普知识、指导技术等资料,制作完成"农广在线"网站农业野生植物保护专题栏目。

在行业宣传方面,湖北省组织制作了农业野生植物电子图书,湖南省组织编印了《湖南珍稀农业野生植物资源图鉴》和《湖南农业野生植物原生境保护区》画册;河南省组织编印了《河南省大别山区农业野生植物资源名录》。四川省将国家重点保护野生植物和外来入侵有害生物基础知识纳入农民培训和基层农技人员知识更新课程。重庆市利用农民田间学校课堂,现场讲解农业农村环保知识。2014年11月16日,《新华日报》头版刊登《珍贵农业"野底子"亟待保护》,系统宣传了江苏省农业野生植物资源调查成果。

专栏：甘肃省编写出版《甘肃省国家重点保护农业野生植物图鉴》

2017年，甘肃省农业生态环境保护管理站编写出版了《甘肃省国家重点保护农业野生植物图鉴》，在总结十余年省内农业野生植物资源调查工作经验基础上，梳理出国家重点保护农业野生植物资源名录中甘肃有分布的60余种植物（发菜、杏香丽菇、冬虫夏草不属植物界，文中特别标注），并通过咨询专家、查阅文献等方式，以鉴定图谱形式编撰出版。

专栏：内蒙古自治区开展外来入侵物种监测防除

2017年，内蒙古自治区选择9个重点区域设立少花蒺藜草（2个）、刺萼龙葵（7个）长期定位监测点，掌握动态变化趋势，完善外来入侵物种信息数据库。同时，组织人员开展防除工作，总计防除少花蒺藜草6.7万亩、刺萼龙葵3.9万亩。此外，还对通辽市开鲁县小街基镇三棵树村和赤峰市巴林右旗宝日勿苏镇苏吉嘎查进行了无人机航拍遥感监测技术试验，通过分析得出三棵树村和苏吉嘎查刺萼龙葵入侵面积分别达到3 800亩和2 100亩，盖度分别为31.6%和43.3%，均达到重度发生程度。

巴彦淖尔市磴口县少花蒺藜草定位监测

乌兰察布市对黄芪开展调查

通辽市开鲁县刺萼龙葵灭除

赤峰市巴林右旗刺萼龙葵灭除

外来入侵生物防治

## 管理与制度建设

在外来物种管理制度建设方面，农业部积极推动将外来物种管理工作纳入《生物安全法》的整体框架。牵头制定《外来物种管理条例》，多次组织环境保护部、国家林业局等相关部门进行立法工作研讨论证和调研，完成了《外来物种管理条例》（草案）及编制说明。此外，指导各地修改完善地方法规，如湖南省发布了《湖南省外来物种管理条例》，甘肃、辽宁等6个省份在修改地方农业环境保护条例过程中将外来入侵防控工作纳入条例。

2013—2017年，中央财政累计投入8 400多万元，用于外来入侵物种防治。推动发布了《国家重点管理外来入侵物种名录》（第一批），收录了对农林业生产和生态危害较为严重的52种外来入侵物种，包括21种植物、27种动物和4种微生物；组织编辑出版了《国家重点管理外来入侵物种防治技术手册》，针对第一批名录物种介绍了其起源与分布、形态特征、传播扩散、发生危害和防控管理措施；修订完善了《农业重大有害生物及外来生物入侵突发事件应急预案》。

2017年，农业部生态总站协助外来物种管理办公室组织召开了《外来物种管理条例》立法工作启动会。组织专家赴湖南省开展外来物种管理立法调研，实地考察了湖南省外来物种鉴定和风险评估中心。完成了《外来物种管理条例》草案及编制说明。提交了《国家重点管理外来入侵物种名录》（第二批）建议稿。发布了《外来入侵植物监测技术规程　大藻》（NY/T 3076—

2017）农业行业标准。推动江西省将外来物种管理纳入《江西省农业生态环境保护条例》。

5年里，组织发布了《稻水象甲监测技术规范》（NY/T 2412—2013）、《苹果蠹蛾监测技术规范》（NY/T 2414—2013）、《红火蚁化学防控技术规程》（NY/T 2415—2013）、《黄顶菊综合防治技术规程》（NY/T 2529—2013）、《外来入侵植物监测技术规程　刺萼龙葵》（NY/T 2530—2013）、《外来入侵植物监测技术规程　长芒苋》（NY/T 2688—2015）、《外来入侵植物监测技术规程　少花蒺藜草》（NY/T 2689—2015）、《外来入侵植物监测技术规程　银胶菊》（NY/T 3017—2016）8项农业行业标准，为外来入侵物种的监测和防治提供了参考标准。

## 调查监测与防控

### 一、组织开展外来入侵生物调查监测

2013—2017年，各地对照已发布的国家重点管理外来入侵物种名录（第一批），对薇甘菊、水花生、水葫芦等10种危险性外来入侵物种开展深入调查，基本形成了各地外来入侵生物分布数据库。农业部组织开展了全国外来入侵生物分布调查，全国（不包括台湾、香港、澳门3地）各省（自治区、直辖市）均有外来物种入侵发生。主要入侵种涵盖了国家重点管理外来入侵物种名录（第一批）所有52个物种和23个非名录物种。在调查的全国2 862个县（市、区、旗）级行政单位中，1 548个县级单位有外来物种入侵记录，入侵县域达54.09%。

## 外来入侵物种调查名单

| 序号 | 中文名 | 拉丁名 | 备注 |
|---|---|---|---|
| 1 | 节节麦 | *Aegilops tauschii* Coss. | |
| 2 | 紫茎泽兰 | *Ageratina adenophora* (Spreng.) King & H. Rob. (= *Eupatorium adenophorum* Spreng.) | |
| 3 | 空心莲子草 | *Alternanthera philoxeroides* (Mart.) Griseb. | |
| 4 | 长芒苋 | *Amaranthus palmeri* Watson | |
| 5 | 刺苋 | *Amaranthus spinosus* L. | |
| 6 | 豚草 | *Ambrosia artemisiifolia* L. | |
| 7 | 三裂叶豚草 | *Ambrosia trifida* L. | |
| 8 | 少花蒺藜草 | *Cenchrus pauciflorus* Bentham | |
| 9 | 飞机草 | *Chromolaena odorata* (L.) R.M. King & H. Rob. (= *Eupatorium odoratum* L.) | |
| 10 | 凤眼莲 | *Eichhornia crassipes* (Martius) Solms-Laubach | |
| 11 | 黄顶菊 | *Flaveria bidentis* (L.) Kuntze | |
| 12 | 马缨丹 | *Lantana camara* L. | 名录物种（52种） |
| 13 | 毒麦 | *Lolium temulentum* L. | |
| 14 | 薇甘菊 | *Mikania micrantha* Kunth ex H.K.B. | |
| 15 | 银胶菊 | *Parthenium hysterophorus* L. | |
| 16 | 大藻 | *Pistia stratiotes* L. | |
| 17 | 假臭草 | *Praxelis clematidea* (Griseb.) R. M. King et H. Rob. (= *Eupatorium catarium* Veldkamp) | |
| 18 | 刺萼龙葵 | *Solanum rostratum* Dunal | |
| 19 | 加拿大一枝黄花 | *Solidago canadensis* L. | |
| 20 | 假高粱 | *Sorghum halepense* (L.) Persoon | |
| 21 | 互花米草 | *Spartina alterniflora* Loiseleur | |
| 22 | 非洲大蜗牛 | *Achatina fulica* (Bowdich) | |
| 23 | 福寿螺 | *Pomacea canaliculata* (Lamarck) | |
| 24 | 纳氏锯脂鲤 | *Pygocentrus nattereri* Kner | |
| 25 | 牛蛙 | *Rana catesbeiana* Shaw | |
| 26 | 巴西龟 | *Trachemys scripta elegans* (Wied-Neuwied) | |
| 27 | 螺旋粉虱 | *Aleurodicus dispersus* Russell | |
| 28 | 橘小实蝇 | *Bactrocera* (*Bactrocera*) *dorsalis* (Hendel) | |
| 29 | 瓜实蝇 | *Bactrocera* (*Zeugodacus*) *cucurbitae* (Coquillett) | |
| 30 | 烟粉虱 | *Bemisia tabaci* Gennadius | |

（续）

| 序号 | 中文名 | 拉丁名 | 备注 |
|---|---|---|---|
| 31 | 椰心叶甲 | *Brontispa longissima* (Gestro) | |
| 32 | 枣实蝇 | *Carpomya vesuviana* Costa | |
| 33 | 悬铃木方翅网蝽 | *Corythucha ciliata* Say | |
| 34 | 苹果蠹蛾 | *Cydia pomonella* (L.) | |
| 35 | 红脂大小蠹 | *Dendroctonus valens* LeConte | |
| 36 | 西花蓟马 | *Frankliniella occidentalis* Pergande | |
| 37 | 松突圆蚧 | *Hemiberlesia pitysophila* Takagi | |
| 38 | 美国白蛾 | *Hyphantria cunea* (Drury) | |
| 39 | 马铃薯甲虫 | *Leptinotarsa decemlineata* (Say) | |
| 40 | 桉树枝瘿姬小蜂 | *Leptocybe invasa* Fisher & LaSalle | 名录物种（52种） |
| 41 | 美洲斑潜蝇 | *Liriomyza sativae* Blanchard | |
| 42 | 三叶草斑潜蝇 | *Liriomyza trifolii* (Burgess) | |
| 43 | 稻水象甲 | *Lissorhoptrus oryzophilus* Kuschel | |
| 44 | 扶桑绵粉蚧 | *Phenacoccus solenopsis* Tinsley | |
| 45 | 刺桐姬小蜂 | *Quadrastichus erythrinae* Kim | |
| 46 | 红棕象甲 | *Rhynchophorus ferrugineus* Olivier | |
| 47 | 红火蚁 | *Solenopsis invicta* Buren | |
| 48 | 松材线虫 | *Bursaphelenchus xylophilus* (Steiner & *Bus xylophilus*) | |
| 49 | 香蕉穿孔线虫 | *Radopholus similis* (Cobb) Thorne | |
| 50 | 尖镰孢古巴专化型4号小种 | *Fusarium oxysporum* f.sp. *cubense*　Schlechtend (*Smith*) Snyder & Hansen Race 4 | |
| 51 | 大豆疫霉病菌 | *Phytophthora sojae* Kaufmann & Gerdemann | |
| 52 | 番茄细菌性溃疡病菌 | *Clavibacter michiganensis* subsp. *michiganensis* (*Smith*) Davis et al. | |
| 53 | 三叶鬼针草 | *Bidens pilosa* L. | |
| 54 | 双穗雀稗 | *Paspalum paspaloides* (Michx.) Scribn. | |
| 55 | 向日葵列当 | *Heliantus annuus* L. | 非名录物种（23种） |
| 56 | 含羞草 | *Mimosa pudica* L. | |
| 57 | 喀西茄 | *Solanum Aculeatissimum* Jacq. | |
| 58 | 印中孔雀草 | *Tagetes minuta* L. | |
| 59 | 野燕麦 | *Avena fatua* L. | |

（续）

| 序号 | 中文名 | 拉丁名 | 备注 |
|------|--------|--------|------|
| 60 | 枣大球蚧 | *Eulecanium gigantean* (Shinji) | 非名录物种（23种） |
| 61 | 小麦全蚀病 | *Gaeumannomyces graminsis* (Sacc.) Arx et Olivier | |
| 62 | 小麦腥黑穗病 | *Tilletia controversa* Kuhn | |
| 63 | 小麦黑森瘿蚊 | *Mayetiola destructor* (Say) | |
| 64 | 尼罗非鱼 | *Oreochromis niloticus* L. | |
| 65 | 枣星粉蚧 | *Heliococcus zizyphi* | |
| 66 | 柑橘大实蝇 | *Bactrocera* (*Tetradacus*) *minax* (*Enderlein*) | |
| 67 | 白星花金龟 | *Protaetia brevitarsis* Lewis | |
| 68 | 红螯螯虾 | *Cherax quadricarinatus* | |
| 69 | 线叶金鸡菊 | *Coreopsis lanceolataus* L. | |
| 70 | 黄瓜绿斑驳花叶病毒 | *Cucumber green mottle mosiac virus*, CGMMV | |
| 71 | 蚕豆象 | *Bruchus rufimanus* Boheman | |
| 72 | 刺苍耳 | *Xanthium spinosum* L. | |
| 73 | 胜红蓟 | *Ageratum conyzoides* L. | |
| 74 | 克氏原螯虾 | *Procambarus clarkii* Girard | |
| 75 | 肿柄菊 | *Tithonia diversifolia* (Hemsl.) A. Gray | |

调查数据显示，广泛分布（15个省份以上）的入侵物种有13种。其中，美洲斑潜蝇分布在28个省份，烟粉虱26个省份，凤眼莲和刺苋21个省份，豚草和稻水象甲20个省份，空心莲子草19个省份，牛蛙、假高粱和番茄细菌性溃疡病菌17个省份，瓜实蝇和毒麦草16个省份，橘小实蝇15个省份。区域分布的（分布7～15个省份）入侵物种有节节麦、大藻、长芒苋、加拿大一枝黄花、刺萼龙葵、美国白蛾、福寿螺、巴西龟等19种。局部分布（7个省份以下）的入侵物种有银胶菊、薇甘菊、苹果蠹蛾、马铃薯甲虫、互花米草、假臭草、黄顶菊等21种；未列入国家重点管理名录但造成危害入侵的物种有21种。

2017年，中国农业科学院在新疆伊犁哈萨克自治州踏查中，首次发现危害番茄等植物的入侵害虫——番茄潜麦蛾，并纳入《全国进境植物检疫性有害生物名单》。河北省农业资源环保站在石家庄市井陉矿区等地发现印加孔雀草，组织专家制订《印加孔雀草应急防控技术方案》，提出了印加孔雀草应急防控的化学药剂和方法。

自2013年开始，农业部连续对南方11省（自治区、直辖市）20处重点水域水生入侵植物（凤眼莲、空心莲子草、大藻）开展遥感监测试点工作，定期发布监测结果，指导地方开展清除工作。2017年，监测结果显示，全年未发生严重灾害性外来生物入侵事件，但局部地区凤眼莲、空心莲子草、大藻等入侵事件频发，防控形势严峻。全年入侵暴发总面积136.28平方公里，入侵暴发点536处，入侵阻塞河段56.99公里，造成直接经济损超过8 000万元。在已纳入的南方11省（自治区、直辖市）20处重点水域中，江苏大纵湖、湖北洪湖、湖南哑河、湖南白芷湖等水域凤眼莲、空心莲子草入侵较为严重；贵州白市水电站、湖北白莲河、湖南浏阳河、云南滇池等地的凤眼莲、大藻打捞清理工作成效显著；江西萍水河、广西拉浪水库、贵州锦屏清水江—乌下江全年未监测到水葫芦、大藻生长情况。

各地积极开展地面监测工作，云南省在泸水、景洪、西盟、巍山4个县（市）的薇甘菊潜在发生区设立监测点33个，监测全省重点区域薇甘菊发生情况；河北省针对刺萼龙葵、黄顶菊、少花蒺藜草、刺果瓜等农业外来入侵植物，先后设立21个省级监控点监测入侵生物在覆盖度、生物学生态学特性和扩散趋势。辽宁省发布了3期全省危险性农业外来入侵植物预警预报，科学指导了全省外来入侵植物的防治工作。湖南省在全省14个市州建立了外来物种监测预警点，初步形成了监测网络。

针对水生入侵生物，中国水产科学院珠江水产研究所调查了我国南方5个省份重要外来水生生物的种类、多度和分布状况，建立了外来水生生物基础数据库，明确了主要外来水生生物在华南地区主要水系的分布状况，绘制了主要外来水生生物的分布图；建立了包含50余个固定监测样点的罗非鱼、福寿螺、豹纹脂身鲇（清道夫）和革胡子鲇等主要外来水生生物的长期监测网络。同时，利用MaxEnt模型（最大熵模型）对福寿螺在我国的潜在适生区进行预测。预测结果表明，福寿螺在中国的适生区主要集中在30°N以南地区，其在我国的非适生区占86.8%，适生区占13.2%，主要集中在我国南方地区。其中，适生区等级以上区域占5.1%，主要分布在广东、广西、湖南东南部、江西、四川东部和云南南部以及南方沿海地区，这些地区具有高度的潜在入侵风险。

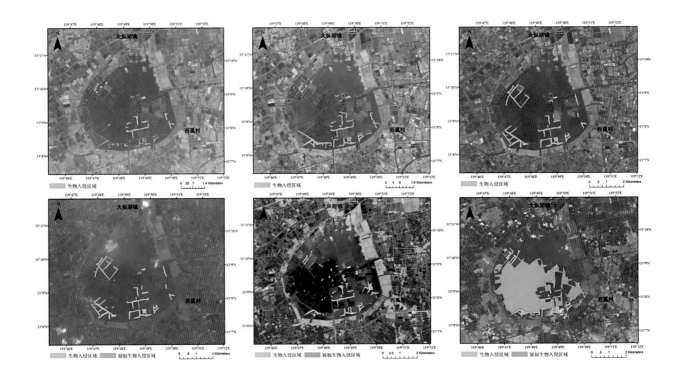

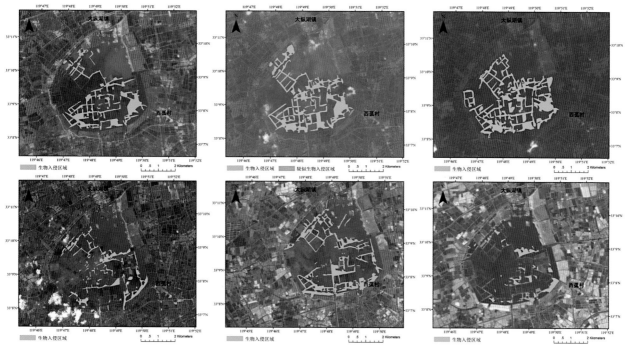

江苏省大纵湖空心莲子草生长监测情况

　　注：2017年，江苏大纵湖空心莲子草生长受气候影响较大，经历了潜伏期—活跃期—暴发期—活跃期—潜伏期等阶段。一季度由于气温较低，监测到少量空心莲子草生长区域，但面积逐渐扩大。二、三季度随着气温回升和降水增多，空心莲子草生长面积进一步扩大，在6月湖中心监测到大量疑似暴发水域，9月生长面积更是扩大到6.03平方公里。四季度随着气温降低，空心莲子草生长面积开始逐渐减小，至12月份降至1.25平方公里。

## 二、组织开展外来入侵生物灭除

　　2013—2017年，农业部共组织开展了13次全国性外来入侵生物灭除活动，针对豚草、福寿螺、水花生、水葫芦、薇甘菊等危害农业生产和生态环境较为严重的外来入侵物种开展了集中灭除。同时每年组织各地开展外来入侵物种灭毒除害行动，据不完全统计，各地组织开展各类铲除活动2 000多次，灭除3 000多万亩外来入侵生物，发动500多万人次干部群众参与灭除活动，灭除率达到70%以上。在开展物理防治和化学防治的基础上，农业部积极探索外来入侵物种生物防治，在全国建成30余处外来入侵生物天敌防治基地，在防治水花生、水葫芦和豚草等重点外来入侵物种方面起到了积极的示范作用。

### 2013—2017年开展的全国外来入侵生物集中灭除活动

| 年份 | 灭除活动 |
| --- | --- |
| 2013 | 广西忻城大藻、内蒙古通辽少花蒺藜草和湖南岳阳水花生灭除活动 |
| 2014 | 湖北英山福寿螺、辽宁沈阳豚草和重庆潼南水葫芦灭除活动 |
| 2015 | 内蒙古科右前旗刺萼龙葵、四川金堂水花生和江苏泰州水葫芦灭除活动 |
| 2016 | 新疆新源豚草、三裂叶豚草和云南芒市薇甘菊灭除活动 |
| 2017 | 湖南衡阳福寿螺和广西柳州豚草灭除活动 |

2017年6月，农业部在湖南省衡阳市衡南县举办全国外来入侵生物福寿螺灭除活动。农业部科技教育司副司长郑苑瑄出席活动并讲话。与会人员观看了湖南各市州外来物种管理工作展板，观摩了福寿螺现场灭除活动。9月，农业部生态总站在广西柳州开展外来入侵生物豚草灭除活动与综合防控技术培训。对外来入侵生物豚草综合防控技术进行了讲解，并组织开展了现场灭除活动。

## 科研示范与宣传培训

### 一、组织外来入侵物种防治技术培训

通过农民田间学校、现场科技培训、电视讲座以及技术手册与"明白纸"等方式，对基层科技工作者、管理人员和农民进行技术培训。在过去5年里，全国农业资源保护行业组织举办各类防控技术相关培训班800多次，培训各类人员30万人次，发放材料500多万份，显著提升了基层科技人员的业务能力。

2017年，农业部生态总站在河北邯郸举办外来入侵物种防治技术培训班，在广西柳州举办外来入侵物种防治管理政策培训班。指导贵州省利用乡土植物白刺花替代蔓延危害严重的外来入侵物种紫茎泽兰，在湖南永顺等地积极推广外来入侵生物天敌扩繁技术，实现入侵物种防控工作的可持续。

### 二、开展外来入侵物种生物防治和生态修复

1.加强外来入侵物种天敌培育　2013—2017年，针对入侵我国严重的豚草、紫茎泽兰、黄顶菊、空心莲子草，筛选出广聚萤叶甲、豚草卷蛾和莲草直胸跳甲3种优势天敌昆虫和1个莲子草假隔链格孢SF-193生防菌株；发明了天敌昆虫"三步"规模化生产技术，生产效率提高40～50倍，仅近3年生防面积达6 829万亩次，豚草和空心莲子草呈大面积"火烧状"枯死，控效可达95%。

2.推广生态屏障拦截和替代修复技术　筛选了紫花苜蓿、旱地早熟禾、象草等16种具经济价值和生态价值的替代植物及组合，用于豚草、紫茎泽兰、黄顶菊扩散前沿关键点阻截，建立生态屏障拦截带22条，拦截防线达524公里；创建生态修复示范县14个，仅近3年修复面积1 524万亩次，节约成本可达70%，控效可达85%。针对我国北方农牧交错带生态环境的特点，在内蒙古通辽市奈曼旗科尔沁沙地、吉林省白城市科尔沁草地等北方农牧交错带典型地区，重点围绕入侵杂草"传入—定殖—扩散—暴发"的关键防控环节，开展扩散阻截、应急灭除技术和持久生态修复调控三大关键技术组合示范，建立以合理耕作、生态调控、植物替代和生物多样性阻抗为核心的入侵杂草生态修复技术体系，控制外来入侵物种危害。

### 三、开展外来入侵生物科普宣传

2013—2017年，通过互联网、卫星网、手机客户端等多种形式开展外来入侵生物宣传普及。举办《国家重点管理外来入侵物种名录》《农业重大有害生物和外来入侵物种入侵突发事件应急预案》等法规和管理制度培训；组织编印了《农业外来入侵物种知识100问》《认识我国常见的外来水生生物》《国家重点管理外来入侵物种防治技术手册》等科普读物；制作黄顶菊、豚草等入侵种综合防治动画片，以及《外来物种入侵——一场没有硝烟的战争》科普课件，利用广播、电视、报刊、网络等多种媒体，开展外来入侵物种防治技术与管理宣传工作。

### 四、加强外来入侵生物防治国际合作

2013年和2017年，分别在山东省青岛市和浙江省杭州市举办了第二届、第三届国际生物入侵大会，向国际社会介绍了我国防治外来入侵生物的经验和做法，形成了防治外来入侵物种中国方案，引起了国际社会强烈反响，*Nature*杂志对有关内容进行了报道。

农业面源污染防治

## 农业面源污染监测

### 一、完善农业面源污染监测网络

2014年起，农业部建立了由273个农田面源污染定位监测点、210个地膜残留污染定位监测点、25个规模化畜禽养殖污染定位监测点构成的农业面源污染国控监测网络，为摸清全国农业面源污染负荷和底数以及农业面源污染治理提供数据参考。

### 二、开展监测技术研究和培训

2017年，农业部生态总站组织开展了化肥减施增效技术效果监测与评估研究，初步构建了化肥减施增效技术评价指标，并与"长江中下游水稻化肥农药减施增效技术集成与示范"等其他"两减"项目进行了对接，对评价指标进行修改完善。形成了化肥减施增效技术监测方案（初稿）及化肥减施增效技术验证点监测方案（初稿），确定了水稻、蔬菜、苹果、茶叶4类作物的验证点，并与"设施蔬菜化肥农药减施增效技术集成与示范"等其他"两减"项目完成了对接，初步确定54个监测点位置。开展了京津冀大气氨排放污染防治及政策研究项目，协调选取了监测地块，完成了项目基线信息研究工作。

6月，农业部生态总站在宁夏回族自治区银川市举办全国农业面源污染国控监测培训班，来自全国32个省（自治区、直辖市）农业资源环保站及技术支撑专家共150余人参加了培训。培训班围绕农田面源监测数据上报情况及数据审核办法、2016年度农业面源污染调查及系统填报、畜禽污染养殖监测指标及方法等方面进行培训。

7月，农业部生态总站在河南省郑州市举办典型流域农业面源污染监测技术与管理模式培训班，来自全国5个省及河南省省辖市、省直管试点县、丹江口库区6县（市）80余人参加了培训。

## 典型流域农业面源污染综合治理

### 一、加强规划指导

2017年，农业部发布了《重点流域农业面源污染综合治理示范工程建设规划（2016—2020年）》，提出"十三五"期间在洞庭湖、鄱阳湖、太湖等重点流域，选择农业环境问题突出、代表性强的小流域，加大源头控制，实施农业面源污染综合治理工程建设。到2020年，建成一批综合示范区，为全面实施农业面源污染治理提供示范样板和经验。印发了《2017年农业面源污染防治攻坚战重点工作安排》、《重点流域农业面源污染综合治理示范工程建设规划（2016—2020年)》，明确了目标任务和实施路径。

### 二、推进农业面源污染综合治理示范区建设

2017年，农业部继续推进典型流域农业面源污染治理示范区建设，在太湖、巢湖、三峡库区等建设农田面源污染治理工程、养殖粪污处理利用工程、区域面源污水处理工程，建成22个综合防治示范区，初步实现了由以前的单一生产环节治理向种植、养殖、地表径流综合治理的转变，实现了向重点地区、重点流域、重点环节的聚焦。农业部生态总站组织专家分别赴9个省份对2016年重点流域农业面源污染综合治理试点项目开展督导工作。联合世界银行、广东省农业厅举办全国农业面源污染治理研讨会。制定了《流域农业面源污染防控技术导则》。

自2016年国家发改委会同农业部启动重点流域农业面源污染综合治理试点项目以来，2016—2017年在洱海、洞庭湖、鄱阳湖等10个重点水源保护区和环境敏感流域选择40个县重点典型农业小流域，开展农业面源污染综合治理。其中，2016年18个县，2017年22个县，治理区覆盖农田面积94.26万亩。项目主要建设内容为农业面源污染防治、畜禽养殖污染治理、水产养殖污染减排、地表径流污水净化利用工程

等，项目建设期一般为2年。项目总投资16.07亿元，其中：中央资金11.9亿元，地方资金3.32亿元，社会资金0.85亿元。预期成效包括示范区化肥、农药减量2%以上，村域混合污水及畜禽粪污综合利用率达到90%以上，秸秆综合利用率达到85%以上，化学需氧量、总氮、总磷排放量分别减少40%、30%、30%以上。项目实施已经在点上和面上都取得了积极成效，实现了农业面源污染治理由以前的单一生产环节治理向种植、养殖、地表径流综合治理的转变；由以前的面上一般工作向重点地区、重点流域、重点环节的转变，实现了综合聚焦。

## 专栏：江苏省农业面源污染防治示范引领效应突出

2017年，江苏省宜兴市农业面源污染综合防治示范区依托科研单位、联合地方政府，综合开展农村生活污水处理工程、养殖废弃物资源化利用示范工程、农田尾水处理、综合调控利用与管理示范工程建设，进行农业面源污染防控关键技术的研究与集成。8月，农业部生态总站在宜兴市综合防控示范区举办典型流域主要农业源污染物入湖负荷及防控技术研究与示范现场会，来自有关方面领导、专家和技术推广人员共70余人参加会议。

典型流域主要农业源污染物入湖负荷及防控技术研究与示范现场会

江苏省宜兴市农业面源污染综合防治示范区

> **专栏：云南洱海流域畜禽养殖污染治理与资源化**
>
> 2017年，云南省在洱海流域的大理市、洱源县建成并运行"洱海流域畜禽养殖污染治理与资源化工程项目"，总投资4.4亿元，建设了4座大型有机肥加工厂、24座大型畜禽粪便收集站以及多个非固定式的收集站点，收集处理洱海流域的畜禽粪便、秸秆、生活垃圾等废弃物。组织实施国家特大型生物天然气工程试点项目，总投资5.67亿元，建成后每年可处理洱海流域畜禽粪便、农作物秸秆、餐厨垃圾等各种废弃物35万吨，可日生产车用燃气3万立方米，年生产车用燃气1050万立方米，可日供1500辆生物天然气出租车使用。

### 三、组织开展技术培训

2017年2月，农业部生态总站在云南省昆明市举办畜禽养殖业面源污染防治技术培训班，各省农业资源环保站土壤污染防治相关技术人员针对畜禽养殖业面源污染防治技术、农产品产地环境监测有关工作进行了研讨和交流。

6月，农业部生态总站在湖北省安陆市举办了全国农业面源污染综合防治技术示范培训班。来自9个省份农业资源环保站技术人员及面源污染综合治理试点项目负责人参加了培训。有关专家就流域农田面源污染治理技术、规模化畜禽养殖面源污染治理技术进行了讲解，对2016年典型流域农业面源污染综合治理试点项目督导考核情况进行了通报，9个省份分别汇报了项目建设进展和主要做法。参训代表们现场参观了安陆市流域农业面源污染综合治理示范技术试点项目区。

7月，农业部生态总站在广东省江门市举办了环境友好型技术推广与宣传培训班。来自国家发改委、广东省农业厅、中国科学院、中国农业科学院，中国农业大学等高校，以及江苏、浙江、安徽、江西、山东、河南、河北、湖南、湖北、重庆、云南、广东等地从事农业面源污染治理的专家和代表近170人参加了培训。专家围绕农业面源污染治理政策、成果、技术等进行了讲解。

广东省江门市环境友好型技术推广与宣传培训班

湖北省安陆市全国农业面源污染综合防治技术示范培训班

## 启动第二次农业污染源普查

2017年，农业部根据《国务院关于开展第二次全国污染源普查的通知》和《国务院办公厅关于印发第二次全国污染源普查实施方案的通知》的要求，启动了第二次全国农业污染源普查工作，下发了《关于做好第二次全国农业污染源普查有关工作的通知》。要求重点围绕种植业源、畜禽养殖业污染源、水产养殖业污染源、地膜、秸秆等开展普查，同时提供与污染核算相关的农业机械和渔船数据，并积极配合环保部门开展种植业及畜禽养殖业废气污染物排放核算和典型流域农业源入水体负荷研究等工作。

农业部成立第二次全国农业污染源普查推进工作组，负责与环境保护部第二次全国污染源普查工作办公室的沟通协调、方案审批、督导检查等工作，组织全国农业污染源普查工作。推进工作组办公室设在农业部科技教育司，负责农业污染源普查的组织培训、数据汇总、报告编制等工作。成立专家组，负责全程技术支撑。

9月，农业部生态总站在北京召开第二次全国污染源普查（农业源）实施方案专题研讨会，来自中国科学院、中国农业科学院、中国农业大学及相关省站的专家出席会议。研讨会就种植业水污染物、畜禽养殖业水污染物、水产养殖业水污染物、地膜、秸秆、质控实施方案进行了专题讨论。

地膜回收利用

## 农膜回收行动

2017年，农业部印发《农膜回收行动方案》，组织实施农膜回收行动。以西北地区为重点区域，以棉花、玉米、马铃薯为重点作物，以加厚地膜应用、机械化捡拾、专业化回收、资源化利用为主攻方向，完善扶持政策，加强试点示范，强化科技支撑，创新回收机制，推进农膜回收，提升废旧农膜资源化利用水平，防控"白色污染"，促进农业绿色发展。

### 一、探索地膜生产者责任延伸制度

2017年，农业部在甘肃、新疆选择4个县探索建立"谁生产、谁回收"的地膜生产者责任延伸制度试点，将地膜回收责任由使用者转到生产者，明确了定点企业，签订任务合同，由企业统一供膜、统一铺膜、统一回收。地膜回收责任由使用者转到生产者，农民由买产品转为买服务，推动地膜生产企业回收废旧地膜。各示范区进一步完善地膜回收网点，加大回收利用企业扶持力度，探索创新"交旧领新"、"废旧农膜兑换超市"、农田保洁员等模式。

### 二、建设地膜治理示范县

2017年，农业部在甘肃、新疆、内蒙古3省（自治区）选择100个用膜大县，调整相关项目资金使用方向，变补使用为补回收，推动建立经营主体上交、专业化组织回收、加工企业回收等多种方式的回收利用机制。力争通过2~3年的时间，实现示范县加厚地膜全面推广使用、回收加工体系基本建立、当季地膜回收率达到80%以上，率先实现地膜基本资源化利用。

### 三、召开农膜回收行动推进会

2017年10月，农业部在甘肃省兰州市召开了全国农膜回收行动推进会，国家首席兽医师张仲秋、甘肃省副省长杨子兴等出席会议。甘肃、内蒙古、新疆等省（自治区）在会上作了典型交流，与会代表还参观了高标准地膜生产企业、机械捡拾现场及废旧地膜回收加工点。会议要求继续加强组织领导、抓好试点示范、强化政策扶持、加强科技支撑，确保农膜回收行动取得实效。

全国农膜回收行动推进会

## 地膜回收及综合利用

### 一、推动制定发布规章标准

2017年10月，经国家质量监督检验检疫总局、国家标准化管理委员会批准，《聚乙烯吹塑农用地面覆盖薄膜》（GB 13735—2017）正式发布，于2018年5月1日起正式实施。12月，工业和信息化部、农业部、国家标准化管理委员会3部委在北京联合召开了《聚乙烯吹塑农用地面覆盖薄膜》强制性国家标准发布会暨宣贯会，新标准主要体现为"三提高一标示"，即提高了地膜厚度、力学性能、耐候性能和在产品合格证明显位置标示"使用后请回收利用，减少环境污染"字样。同时，农业部组织编制《农膜管理办法（征求意见稿)》，并正式发函征求环境保护部和工业和信息化部意见。

### 二、开展地膜回收利用示范

2017年，农业部在内蒙古、新疆、甘肃3省

（自治区）100个县开展地膜回收利用示范，示范面积5 500多万亩，占总覆盖面积的56%。其中，甘肃省回收废旧地膜13.6万吨，回收利用率达80.1%；新疆40个覆膜大县已接近80%，重点区域稳定在75%以上。

2012—2015年，国家发改委、财政部会同农业部实施了农业清洁生产地膜回收利用示范项目，中央累计投资9.01亿元，试点面积覆盖新疆、甘肃、内蒙古等11个省（自治区）的229个县市以及新疆生产建设兵团，其中新疆、甘肃共计111个县（市、区）以及团场，通过示范县市政府统筹，企业具体实施，发改、财政和农业部门具体监管的方式，地膜清洁生产示范项目取得了实效，累计新增残膜加工能力18.63万吨，新增回收地膜面积6 000多万亩。其中，甘肃、新疆2省（自治区）通过整合相关项目，多措并举，项目实施成效显著。

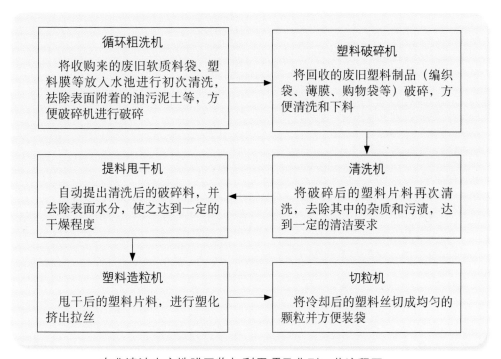

农业清洁生产地膜回收与利用项目典型工艺流程图

通过项目实施，在甘肃和新疆开展农田地膜污染防治工作基础上，总结形成了"五个一"的工作机制和措施，即1个技术支撑、1项法规保障、1项补助政策、1个回收体系、1套监管机制的管理模式。

---

**专栏：我国地膜覆盖面积及使用量**

我国地膜使用量从1991年31.9万吨增加到2016年的147万吨，增加了3倍多，年增长率为7.9%。地膜覆盖面积从1982年11.7万公顷增加到2016年的1 840.1万公顷，增加了157倍，年增长率达459.6%。统计数据显示，过去二十几年我国地膜使用量及覆盖面积一直呈现大幅度上升态势，但近几年有所减缓。农作物地膜覆盖面积也一直保持增长态势。

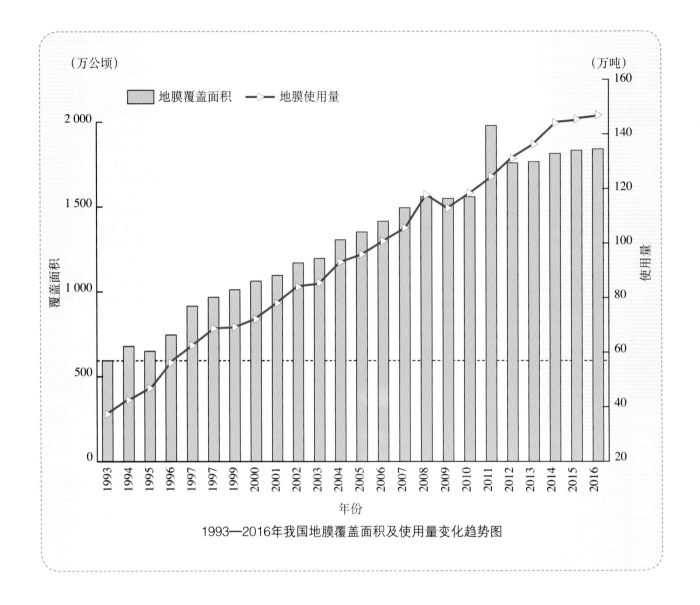

1993—2016年我国地膜覆盖面积及使用量变化趋势图

## 可降解地膜

### 一、发布可降解地膜国家标准

2017年12月，国家发布了《全生物降解农用地面覆盖薄膜》（GB/T 35795—2017）国家标准，规定了试验方法、检验规则、标志、包装、运输和储存等，明确了全生物降解农用地膜规格与规格尺寸偏差、外观、力学性能、水蒸气透过量、重金属含量、生物降解性能、人工气候老化性能等指标。其中，生物降解率等指标与欧盟等国外先进标准的指标基本一致。

### 二、开展可降解地膜对比试验

2017年，农业部组织编写了可降解地膜对比试验总体实施方案，完善了有关技术规程，督促指导地方编制了细化方案。继续在13个省（自治区、直辖市）选择试验示范点，开展全生物可降解地膜和非降解地膜对比试验，鼓励科研院所和企业加快全生物可降解地膜的研发和推广应用。在甘肃、新疆、湖北、辽宁以及山东青岛等地建立了10个百亩以上示范方，探索可降解地膜在生产上大规模推广的技术路径。

### 三、开展可降解地膜对比试验技术培训

3月，农业部生态总站在重庆市举办了可降解地膜对比试验技术培训班。来自13个省份农业资源环保站的负责同志和各试验点的技术人员共计80余名参加了培训，培训以现场观摩、经

农业部可降解地膜对比试验技术培训班

验交流、技术展示为主，各地代表充分交流和相互借鉴了好的经验做法。

### 四、召开全国可降解地膜评价试验总结会

2017年11月，农业部在北京召开全国可降解地膜评价试验总结会。来自13个省农业资源环保站及各试验点的技术骨干共计90余人参加了会议。会议系统总结了2015—2017年连续3年的可降解地膜对比试验情况，讨论研究了下一步工作打算。

2015—2017年，农业部生态总站联合中国农业科学院农业环境与可持续发展研究所连续3年在全国13个省份组织开展了可降解膜对比试验。覆盖了我国东北风沙区、西南山区、华北平原区、西北旱塬区、西北绿洲区5个主要覆膜区带，涵盖了玉米、花生、马铃薯、棉花、烟草、蔬菜6种主要覆膜作物。

农产品产地环境管理

## 农产品产地环境管理政策

### 一、贯彻落实《土壤污染防治行动计划》

2017年3月，农业部发布《关于贯彻落实〈土壤污染防治行动计划〉的实施意见》，确定了"十三五"期间农用地土壤污染防治工作内容和工作思路，推进农用地分类管理。印发了《农业部土壤污染防治重点工作及分工》，将"土十条"规定的各项任务细化分解、落实到位。成立农业部土壤污染防治推进工作组和技术指导委员会，技术指导委员会秘书处设在农业部生态总站。开展了耕地土壤环境质量类别划分试点，明确了试点思路、试点内容和试点路径，确定了试点省份。牵头编制耕地污染管控与修复行动总体实施方案。推动土壤污染防治法立法进程，组织召开了专家座谈会，形成了农业部的意见和建议提交全国人大常委会法制工作委员会。会同环境保护部出台了《农用地土壤环境管理办法》，明确了两部门分工和职责。

### 二、开展耕地休耕轮作试点

2017年，中央财政安排了25.6亿元，继续在内蒙古、辽宁、吉林、黑龙江、河北、湖南、贵州、云南、甘肃9个省（自治区）开展耕地轮作休耕试点，试点面积1 200万亩。农业部制定印发《耕地轮作休耕制度试点考核办法》，对试点省的组织领导、任务落实、督促检查等6个方面、22项指标开展了百分制的考核，通过省级自评、部门复核、综合评定来确定考核的等级，作为年度试点任务安排的一个重要依据。

自2016年中央开展耕地休耕轮作试点以来，中央财政累计安排资金39.9亿元，累计试点面积1 816万亩。同时，农业部印发了《轮作休耕试点区域耕地质量监测方案》，按照"大片万亩、小片千亩"的原则，科学布置近800个土壤监测网点，定点跟踪耕地质量和肥力变化，为客观评估轮作休耕成效提供依据。此外，还利用卫星遥感技术，对轮作休耕区域面积进行遥感监测。

## 开展土壤污染状况调查和监测

### 一、开展土壤污染状况详查

2017年，农业部配合环境保护部制定了《农用地土壤污染状况详查布点技术规定》《农用地土壤样品采集流转制备和保存技术规定》《农产品采样流转制备保存技术规定》《农用地土壤污染状况详查质量保证与质量控制技术规定》，明确了农用地土壤污染状况详查标准和相关技术规定。组织开展农用地土壤污染状况详查点位核实及农用地土壤污染状况详查相关培训工作，整合农业环保系统专家队伍成立详查技术督导组，开展了详查督导检查。3～10月，农业部生态总站先后组织环境保护部、国土资源部专家赴江西、湖南、湖北、黑龙江、内蒙古、陕西和广西开展土壤污染状况详查国家级质量管理实验室现场能力考核和质量控制现场检查。

### 二、农产品产地土壤环境监测

2017年，农业部印发了《关于开展农产品产地土壤环境质量国控监测点位预布设的通知》《关于印发农产品产地土壤环境例行监测近期工作安排》，建立了农产品产地土壤环境国控监测网，共布设国控监测点40 061个，分布在31个省（自治区、直辖区）、392个市和2 593个县，覆盖全国主要土壤类型、800个产粮大县、主要粮食生产功能区和重要农产品生产保护区。其中，33 441个监测点在优先保护类耕地上，2 015个监测点在安全利用类耕地上，4 605个监测点在严格管控类耕地上，重点在水稻、小麦、玉米、马铃薯、蔬菜等主产区和风险区域，开展耕地土壤和农产品质量状况同步监测。

构建了农产品产地土壤农产品协同调查监测信息系统，逐步实现整个网络的规范化、常态化、稳定化运行，形成了《农产品产地土壤环境国控监测点位信息汇编》。会同环境保护部编制了国家土壤环境监测网管理办法和监测点位管理办法，制订了监测点位布设、样品采集检测、质量控制与监督检查等一系列技术性文件。

12月，农业部生态总站在北京召开农产品产地重金属污染国控例行监测研讨会，研讨了农产品产地土壤环境监测工作进展及农产品采集和检测技术规范，并针对产地环境治理需要科技支撑的重大产业问题及工作对接机制进行了研讨和论证。

2012—2017年，农业部在全国范围内开展了全国农产品产地土壤重金属污染普查工作，针对一般农田、污灌区、大中型城郊区和工矿企业污染区的农产品产地进行了全覆盖调查，首次在全国范围内布设大规模的130多万个采样点，初步摸清了农产品产地土壤重金属污染现状。

## 农产品产地重金属污染治理修复技术支撑

### 一、组织制定技术规范

2017年，农业部组织制定了《污染耕地土壤修复导则》《耕地污染治理验收评价规范》《受污染耕地安全利用技术模式》《受污染耕地治理与修复导则》《禁产区划定技术规定》《受污染耕地安全利用技术指南》《小麦生产镉污染控制技术规范》《水稻镉污染控制技术规范》等技术规范，为开展农产品产地重金属污染修复治理提供了操作规范。10月，农业部生态总站组织专家对《耕地污染治理验收技术规范（征求意见稿）》进行了论证。

### 二、开展技术示范培训

2017年，农业部生态总站在开展土壤重金属污染治理技术试点示范的基础上，形成了2017年农业主推技术重金属污染农田综合修复技术。10月，在北京举办农产品产地污染修复技术培训班，来自全国各有关省、市、县农业资源环保站约100人参加培训。

2015—2016年，农业部生态总站组织征集国内耕地重金属污染修复新产品、新技术389个，在湖南省长沙市长沙县、株洲市株洲县、湘潭市雨湖区设置3个集中展示平台共1 500亩，组建3个专家团队，科学布置小区试验和大田示范，实行统一管理、统一检测、统一评价，通过重金属污染耕地修复治理新产品新技术集中展示，评价筛选适合当地耕地重金属污染修复治理的技术和产品。

---

### 专栏：江苏省构建产地环境监测网络

2017年，江苏省财政投入2 000万元重金属污染防治专项资金，全面开展农产品产地土壤重金属污染防治工作。全省设立产地环境监测国控点1 620个、省控点3 000个。制订了江苏省《农产品产地土壤环境质量例行监测总体方案》等文件，在全国率先采用样品采集信息管理系统，推行土壤及农产品无纸化采集、制备和检测技术，建立农产品产地土壤环境质量安全档案。初步形成产地土壤重金属污染预警监测网络，为耕地土壤环境质量类别划分及产地安全利用、重金属污染修复治理提供数据支撑和共享平台。

江苏省农产品产地土壤重金属污染治理技术培训

农产品无纸化采集现场

农产品产地采样手持终端应用

## 开展湖南耕地重金属污染治理试点

2017年，农业部生态总站牵头编制了《湖南长株潭重金属污染耕地修复及农作物种植结构调整试点2014—2015年评估报告》。10月，由中国科学院、中国农业科学院、中国农业大学、中国环境科学研究院等单位专家组成评审组，对报告进行了论证。

2014—2017年，中央安排专项资金开展湖南长株潭地区重金属污染耕地修复及农作物种植结构调整试点工作，试点范围包括长株潭19个县（市、区）和湘江流域其他7个县（市、区），总试点面积共计272.32万亩，总投入经费51.56亿元。总体治理模式是根据土壤与稻米污染情况，将受污染耕地划分为可达标生产区、管控专产区、作物替代种植区，实行分区治理。试点内容主要包括"防、查、筛、调、管、改"6个方面的措施。参与试点工作的农民专业合作组织1 200多家、环保企业130多家。有378家企业研发的389个产品在试点区开展了集中试验展示。

通过开展试点，农产品降镉效果明显，大面积稻米镉含量达标率趋于稳定，VIP+n修复技术小区试验早、晚稻米镉达标率均超过90%。土壤性状改善明显，土壤pH从5.51提高到5.88，土壤有效态镉总体呈降低趋势，早、中晚稻土壤有效态镉降低幅度在20%～30%。科技攻关取得突破，3年共筛选出应急性镉低积累水稻品种49个和一批低镉农作物品种，精确定位了4个控制水稻镉低积累关键基因，自主研制出了降镉功能肥、复合钝化剂、叶面阻控剂、微生物制剂等专用治理修复新产品近10个。

农村可再生能源建设

## 农村可再生能源开发利用

### 一、农村沼气

2017年4月，国家发改委会同农业部印发《关于下达规模化大型沼气工程中央预算内投资计划的通知》，下达年度投资20亿元，支持22个规模化生物天然气项目和458个规模化大型沼气工程建设，推动农村沼气向规模发展、综合利用、科学管理、效益拉动的方向转型升级。同时，开展了2018年全国农村沼气建设项目需求摸底统计工作。5月，农业部联合国家发改委印发了《关于开展农村沼气建设项目专项检查工作的通知》，就2015年沼气转型升级以来中央投资的工程建设运营情况，组织各省开展自查，分

7个片区进行交叉互查，组织召开互查汇报会，总结了沼气转型升级以来的成效和经验，逐个项目梳理了存在的问题，提出了下一步发展政策建议。

2013—2017年，农业部与国家发改委累计投入116亿多元中央预算内资金，专项支持农村户用沼气、联户沼气、村级服务体系、大中型沼气工程、规模化大型沼气工程和规模化生物天然气试点工程建设。5年累计新增沼气用户2 276 042户，新增沼气工程45 574处。截至2017年底，沼气用户达到4 262.55万户，年产沼气123.72亿立方米；各类沼气工程达11万处，总池容达2 068.2万立方米，年产沼气26.08亿立方米，供气户数达198.2万户，年发电量75 892.39万千瓦时。

### 2013—2017年农村沼气经费投入情况

单位：万元

| 年份 | 投入合计 | 中央投入 | 省级投入 | 地级投入 | 县级投入 | 乡级投入 | 用户自筹 |
|---|---|---|---|---|---|---|---|
| 2013 | 737 443.2 | 268 327.92 | 109 486.74 | 22 416.20 | 34 641.07 | 1 339.48 | 301 231.79 |
| 2014 | 709 625.8 | 276 998.08 | 114 925.81 | 16 934.66 | 24 694.91 | 668.21 | 275 404.13 |
| 2015 | 584 527.96 | 219 115.24 | 67 120.51 | 8 570.82 | 18 676.39 | 570.08 | 270 474.92 |
| 2016 | 530 253.06 | 201 748.50 | 55 618.58 | 6 352.34 | 16 921.4 | 438.79 | 249 173.46 |
| 2017 | 534 974.95 | 200 000 | 49 910.95 | 2 837.23 | 13 167.32 | 768 | 268 291.46 |

---

**专栏：浙江省开展沼液差异性组分调查及相关性应用研究**

2017年，浙江省在72家运行良好的规模化沼气工程开展了沼液定位跟踪检测采样工作，共抽取3个批次596个样品，委托具有资质质检单位按照国家标准和农业行业标准对14个指标进行了0.9万项次的检测。通过组分测定，结果显示沼液中含有氮、磷、钾、有机质等养分，可为农作物生长提供必需的营养物质。沼液中重金属含量符合相关农业行业标准限值要求，可以作为肥料安全使用。沼液使用过程中须经沼气工程充分厌氧发酵，同时建立试验施肥体系，沼液大规模施用前，应根据所用沼液组分特性，结合土壤类型、肥力水平、作物品种、种植制度、自然环境、天气条件等因素，经肥效试验后方可使用。

专栏：安徽省推广沼气工程"三个一"建设模式

2017年，安徽省以歙县连大"猪－沼－果（菜）"模式、濉溪五铺农场"猪－沼－粮（菜、果）"模式为样板，在全省全面推广"三个一"模式。模式主要包含3个要素：一站、一片、一品。即一座沼气站，充分利用本地农业废弃物生产出沼气、沼肥产品，有效服务周边一大片农地，因地制宜，生产一类或一批绿色优质农产品。计划到2020年，全省完成200处沼气工程的"三个一"模式新建或改造，总池容将达到20万立方米，可以为20万～40万亩农田提供有机肥料，产生300个优质品牌农产品。

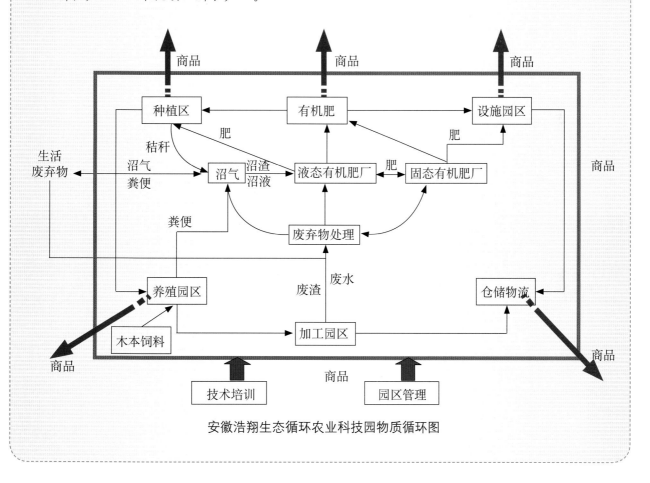

安徽浩翔生态循环农业科技园物质循环图

## 二、生物质能

2017年，全国新增秸秆沼气集中供气7处，新增秸秆固化成型364处，新增秸秆炭化1处。截至2017年底，全国共建秸秆热解气化集中供气674处，其中运行170处，供气户数7.68万户；秸秆沼气集中供气431处，其中运行272处，供气户数6.64万户；秸秆固化成型1 616处，年产量573.89万吨；秸秆炭化105处，年产量30万吨。

2013—2017年，全国累计新增秸秆热解气化集中供气40处，新增秸秆沼气集中供气131处，新增秸秆固化成型1 271处，新增秸秆碳化47处。

#### 2013—2017年全国生物质能发展情况（年末累计）

| 年份 | 秸秆热解气化集中供气（处） | 秸秆沼气集中供气（处） | 秸秆固化成型（处） | 秸秆炭化（处） |
|---|---|---|---|---|
| 2013 | 906 | 434 | 1 060 | 105 |
| 2014 | 821 | 458 | 1 147 | 103 |
| 2015 | 795 | 458 | 1 190 | 106 |
| 2016 | 766 | 454 | 1 362 | 106 |
| 2017 | 674 | 431 | 1 616 | 105 |

### 三、太阳能

2017年，我国新增太阳房2 834处，面积18.8万平方米；新增太阳能热水器210.64万台，面积389.01万平方米；新增太阳灶10 457台。截至2017年底，太阳房达到291 144处，面积2 540.98万平方米；太阳能热水器达到4 792.64万台，面积8 723.50万平方米；太阳灶达到约222.27万台。

2013—2017年，全国累计新增太阳房63 023处，面积403.08万平方米；新增太阳能热水器1 354.03万台，面积2 638.14万平方米；新增太阳灶34.95万台。

#### 2013—2017年全国太阳能开发利用情况（年末累计）

| 年份 | 太阳房 | | 太阳灶 | 太阳能热水器 | |
|---|---|---|---|---|---|
| | 数量（处） | 面积（万平方米） | 数量（台） | 数量（万台） | 面积（万平方米） |
| 2013 | 269 304 | 2 445.55 | 2 264 356 | 4 099.65 | 7 294.57 |
| 2014 | 286 744 | 2 527.59 | 2 299 635 | 4 345.71 | 7 782.85 |
| 2015 | 290 448 | 2 549.37 | 2 327 106 | 4 571.24 | 8 232.98 |
| 2016 | 292 676 | 2 564.6 | 2 279 387 | 4 770.84 | 8 623.69 |
| 2017 | 291 144 | 2 540.98 | 2 222 666 | 4 792.64 | 8 723.50 |

### 四、风能

2017年，我国小型风力发电机组累计新增230台，新增装机容量60.44千瓦。截至2017年底，我国小型风力发电机组10.34万台，装机容量3.32万千瓦。目前，我国农村小型风力发电主要用于解决偏远地区农、牧、渔民生活、生产用能。

#### 2013—2017年全国小风电利用情况

| 利用情况 | 年 份 | | | | |
|---|---|---|---|---|---|
| | 2013 | 2014 | 2015 | 2016 | 2017 |
| 发电机组（台） | 114 721 | 111 446 | 110 224 | 107 485 | 103 407 |
| 装机容量（千瓦） | 34 800.39 | 34 704.31 | 34 505.42 | 35 720.38 | 33 170.39 |

2013—2017年,我国小型风力发电机组累计新增0.97万台,累计新增装机容量0.57万千瓦。

## 五、微水电

2017年,我国新增微水电发电机组90台,装机容量167.07千瓦。截至2017年底,全国微水电发电机组2.56万台,装机容量6.27万千瓦。我国农村微水电资源主要集中在西部、中部和沿海地区。

2013—2017年,全国微水电发电机组累计新增0.14万台,装机容量0.27万千瓦。

### 2013—2017年全国微水电利用情况

| 利用情况 | 年 份 | | | | |
|---|---|---|---|---|---|
| | 2013 | 2014 | 2015 | 2016 | 2017 |
| 发电机组(台) | 31 764 | 30 272 | 28 958 | 28 945 | 25 643 |
| 装机容量(千瓦) | 96 755.6 | 93 908.63 | 90 982 | 86 835.94 | 62 711.92 |

## 农村可再生能源建设政策措施

### 一、推进农村沼气转型升级

1. 加强规划指导 2017年1月,国家能源局发布《能源发展"十三五"规划》和《可再生能源发展"十三五"规划》,提出到2020年,可再生能源将占全国一次能源消费总量的15%。农业部会同国家发改委联合印发了《全国农村沼气发展"十三五"规划》,明确了沼气的清洁能源供给、生态环境保护和循环农业发展的三重复合定位,提出"加快规模化生物天然气和规模化大型沼气工程建设,大力推动果(菜、茶)沼畜种养循环发展"的目标。组织起草了《关于加快推进农村可再生能源发展的意见》。

2. 推进工作部署落实 2017年1月,农业部在北京组织召开农村能源革命座谈会,专题研讨推动"两个方向、一个革命"工作方案和行动计划。7月,在甘肃省张掖市高台县召开全国农村能源工作促进会,各省农村能源办负责人及相关科研机构技术骨干70余人参加了会议。会议解读了近期畜禽粪污资源化利用相关文件精神,介绍了当前农村沼气转型升级、秸秆能源化利用等相关政策走向,探讨农村能源事业发展方向,并部署农村能源行业近期工作重点。10月,在北京召开农村能源综合建设推进会,来自内蒙古、辽宁、甘肃、河北、浙江、湖北等8省(自治区)2017年农村能源综合建设项目承担单位的20多人参加了会议。12月,在湖南省长沙市召开了全国2017年度农业资源环境与能源生态工作会议。总结了2017年农村能源建设工作,对2018年工作进行了部署。此外,还组织对2015年沼气转型升级以来中央投资的工程建设运营情况进行了自查和互查工作。

3. 推进农业废弃物能源化利用 2017年6月,国务院办公厅印发《关于加快推进畜禽养殖废弃物资源化利用的意见》,明确以沼气和生物天然气作为主要处理方向,推进畜禽粪污能源化利用。成立了国家畜禽养殖废弃物资源化处理科技创新联盟。组织开展2018年畜禽粪污资源化利用整县推进项目答辩。12月,国家发改委、农业部、国家能源局联合发布《关于开展秸秆气化清洁能源利用工程建设的指导意见》,进一步拓展了农村能源领域工作业务，增加了农村清洁能源有效供给。

2015—2017年，中央预算资金累计投入60亿元，用于发展规模化大型沼气工程，开展规模化生物天然气工程建设试点，推动农村沼气工程向规模发展、综合利用、科学管理、效益拉动的方向转型升级，全面发挥农村沼气工程在提供可再生清洁能源、防治农业面源污染和大气污染、改善农村人居环境、发展现代生态农业、提高农民生活水平等方面的重要作用。

---

### 专栏：甘肃省探索以沼气为纽带的生态循环农业模式

2017年，甘肃省按照"气肥并举、以肥为先"的思路，依托2016—2017年省级"三沼"综合利用示范推广项目，因地制宜开展"三沼"综合利用试点示范，通过户用沼气"进棚入园"和在沼气工程与种植基地（园区）之间配套沼肥输送管网、购置沼液运送车辆、建设水肥一体化灌溉设施等，实现了沼肥的就地就近高效率输配和便捷化利用，有效补齐了沼气工程与种植业结合的短板，探索形成了户用沼气"畜－沼－果（菜、中药材、花椒）"、"养殖小区＋中小型沼气工程＋设施农业"、"规模化养殖场＋大中型沼气工程＋农业园区"、第三方经营主体区域化运营等多个有价值、可复制、可推广的以沼气为纽带的生态循环农业模式，有效促进了农村沼气建设和种养业深度融合，推动了现代农业发展。截至2017年底，通过省级项目推动，全省已在39个县（区）的果园、日光温室、农业园区等构建以沼气为纽带的生态循环农业示范点50多处，沼肥示范面积达1.8万多亩，直接受益农户3万余户。

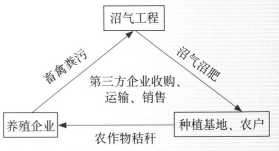

第三方经营主体区域化运营沼气生态循环农业模式

甘肃省和政县"规模化养殖场＋大型沼气工程＋农业园区"生态循环农业示范点

## 专栏：云南省玉溪市沼气生态循环农业典型模式

　　2017年，云南省玉溪市以农业资源为基础，以产业融合为路径，以沼气为纽带，拓展农业功能，将传统产业转化为兼具生产、加工、生活和文化融为一体的综合性产业。通过种养结合、气肥并用，从简单"猪-沼-果"等一般模式升级到全方位的综合利用生态立体模式。从农业废弃物资源化利用、循环农业发展模式等方面寻求突破，走一、二、三产业融合发展之路。

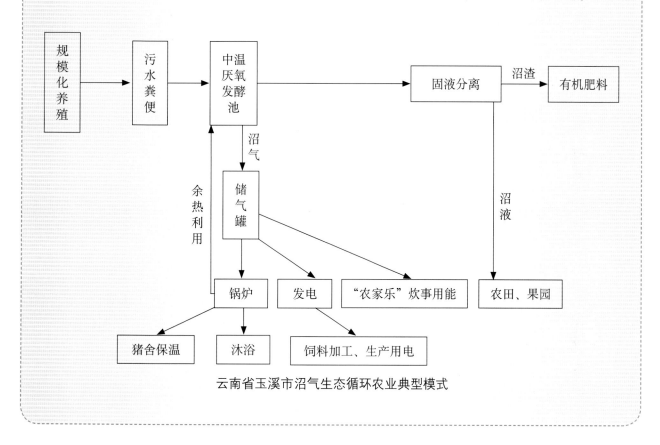

云南省玉溪市沼气生态循环农业典型模式

### 二、加强服务体系建设

　　2017年，全国新增省级实训基地2个、从业人员110人，新增地市级服务站1个、从业人员3人，新增县级服务站20个、从业人员97人，新增乡村服务网点446个、从业人员708人，开展沼气生产工培训26 409人次、鉴定592人次、开展沼气物管员培训3 240人次、鉴定92人次。

　　截至2017年底，全国以沼气为主的农村能源服务体系中有省级实训基地17个、301人；地级服务站52个、282人；县级服务站1 065个、5 376人；乡村服务网点10.41万个、17.03万人，覆盖3 023.02万农户；32.36万人持有沼气生产工职业资格证书；3 733人持有沼气物管员职业资格证书。

### 三、强化标准体系建设

　　1.加强行业标准管理　2017年，组织有关单位申报2018年农村能源和农业资源环境标准项目29项；审查送审和报批标准21项；分别在山东烟台、四川成都和北京组织召开了3次标准审定会，审定了《沼肥肥效评估方法》《村级沼气集中供气站》《沼气工程技术规范》等14项标准；完成了《沼气工程远程监测技术规范》标准的报批，发布实施了一项国家标准；分别组织召开了农业资源环境标准研讨交流会和沼肥标准体系研讨会；完成了全国沼气标准化技术委员会（SAC/TC 515）换届工作。

2.参与国际标准化活动　2017年，组织国内专家参加ISO/TC 255和ISO/TC 285国际标准化活动，发起ISO/TC 255标准各成员国投票2次；10月，组织参与成员国在以色列特拉维夫召开了ISO/TC 255第四次会议，来自法国、荷兰、美国、加拿大、以色列和中国等国家近20名代表参会，形成了9项决议，新成立了"沼气系统－非户用"工作组，目前已经有5个工作组开展5个沼气国际标准的制定工作；更新了ISO/TC 255的商业计划（BP）。组织ISO/TC 285国内专家参与2个清洁炉灶国际标准的制定工作；组织专家参加了10月底在尼泊尔首都加德满都召开的ISO/TC 285清洁炉灶国际标准会议。

3.开展标准化建设业务培训　2017年7月，农业部生态总站在黑龙江省伊春市举办农业资源环境标准化建设培训班，来自全国31个省（自治区、直辖市）农业资源环保站及技术支撑单位的代表共60余人参加了培训。相关专家分别就农业资源环保领域、外来入侵物种防控、面源污染防治、耕地土壤污染防治、农业生态等方面的现有标准进行宣贯与交流，并对"十三五"农业资源环境保护领域标准制修订规划进行了充分研讨。

2013—2017年，农业部生态总站组织有关单位累计申报了154项农村能源、资源环境农业行业标准项目；累计组织16项农村能源农业行业标准有序开展编制工作；组织有关专家审定国家标准《沼肥肥效评估方法》和农业行业标准《沼气工程安全管理规范》、《沼气工程技术规范》（1～5部分）、《生物炭试验方法通则》等52项标准；报批了农业行业标准《沼气工程远程监测技术规范》等62项标准，发布实施《生物质清洁炊事炉具》（GB/T 35564—2017）等361项标准。组织国内专家参与ISO/TC 255和ISO/TC 285国际标准化活动。组织开展《沼气生产、净化和利用方面的术语、定义和分级》《沼气工程火焰燃烧器》《户用和小型沼气工程》《沼气工程安全和环境影响》等沼气国际标准的制定工作。组织专家参与《清洁炉灶实验室测试方法》《清洁炉灶实地测试方法》等国际标准的制定工作。

**四、加大典型模式总结推广**

2017年5月，农业部生态总站在广西壮族自治区桂林市举办了"三沼"综合利用技术集成培训班，全国各省农村能源办技术骨干近80人参加了培训。11月，在河北省石家庄市举办了农村能源综合建设典型技术和模式培训班，各省农村能源办技术管理干部及有关专家近100人参加培训，有关专家围绕分布式光伏发电技术利用与发展、生物质及其利用技术、"三沼"综合利用技术与实践等进行了讲解。收集整理各地上报的80多项农村能源典型模式，编制完成《农村能源典型模式》。

农村能源综合建设典型技术和模式培训班

## 农村节能减排

2017年，全国新增省柴节煤灶54.47万台，新增节能炉79.3万台，新增节能炕14.78万铺。截至2017年，累计推广各类清洁炉灶炕15 129.35万台（铺）。其中，推广省柴节煤灶10 676.05万台，节能炉2 769.41万台，节能炕1 683.89万铺。

2013—2017年，全国累计推广各类清洁炉灶炕1 137.50万台（铺）。其中，推广省柴节煤灶475.91万台，节能炉572.67万台，节能炕88.92万铺。为推进清洁炉灶建设，农业部生态总站、世界银行、中国农业大学等单位多次合作在湖北、辽宁、河北等省开展了政策和技术推广研究，这些省也坚持利用省级财政资金开展各类清洁炉灶推广项目。

### 2013—2017年全国累计推广各类清洁炉灶炕情况

| 年份 | 新增省柴节煤灶（万台） | 新增节能炉（万台） | 新增节能炕（万铺） |
|---|---|---|---|
| 2013 | 140.62 | 75.93 | 28.4 |
| 2014 | 102.13 | 115.01 | 19.59 |
| 2015 | 77.79 | 190.31 | 16.93 |
| 2016 | 100.9 | 112.12 | 9.22 |
| 2017 | 54.47 | 79.3 | 14.78 |
| 合计 | 475.91 | 572.67 | 88.92 |

生态循环农业

# 生态循环农业扶持政策

## 一、推动出台相关政策

2017年8月，农业部编制并发布了《种养结合循环农业示范工程建设规划（2017—2020年）》，聚焦畜禽粪便、农作物秸秆等种养业废弃物，按照"以种带养、以养促种"的种养结合循环发展理念，以就地消纳、能量循环、综合利用为主线，以经济效益、生态效益和社会效益并重为导向，采取政府支持、企业运营、社会参与、整县推进的运作方式，构建集约化、标准化、组织化、社会化相结合的种养加协调发展模式，探索典型县域种养业废弃物循环利用的综合性整体解决方案，形成县乡村企联动、建管运行结合的长效机制，推动农业生产向"资源－产品－再生资源－产品"的循环经济转变，加快促进种养结合循环农业发展。

2013—2017年，农业部会同有关部门发布了《全国农业可持续发展规划（2015—2030年）》，首批启动了40个国家农业可持续发展试验示范区建设。2016年，财政部、农业部制定了《农业支持保护补贴资金管理办法》，将农作物良种补贴、种粮农民直接补贴和农资综合补贴"三项补贴"合并为农业支持保护补贴。2016年，财政部、农业部印发了《建立以绿色生态为导向的农业补贴制度改革方案》，提出到2020年，基本建成以绿色生态为导向、促进农业资源合理利用与生态环境保护的农业补贴政策体系和激励约束机制。2016年，农业部印发《农业综合开发区域生态循环农业项目指引（2017—2020年）》，集中力量推进区域生态循环农业项目建设。2014年起，农业部在山东、内蒙古、湖北、贵州、甘肃等省份启动建设了13个现代生态农业示范基地。

截至目前，我国生态循环农业建设总投资约41.4亿元。其中，2016—2017年区域生态循环农业项目累计投资16亿元；2014—2017年现代生态农业基地建设项目累计投资4 000余万元；2017—2018年果菜茶有机肥替代化肥项目，中央财政专项安排25亿元资金。

## 二、实施果菜茶有机肥替代化肥项目

2017年，农业部聚焦优势产区，选择100个果菜茶生产和畜牧养殖大县开展有机肥替代化肥试点，各示范县遴选了近4 000家新型农业经营主体承担项目任务，中央财政专项投资10亿元。集成推广堆肥还田、商品有机肥施用、沼渣沼液还田、自然生草覆盖等技术模式。建设畜禽养殖废弃物堆沤和沼渣沼液无害化处理、输送及施用等设施。打造地方特色突出、特性鲜明的区域公用品牌和企业品牌。引导种养大户、农民合作社、龙头企业等新型农业经营主体生产有机肥、施用有机肥。

各地结合项目实施，创新了一批果菜茶有机肥替代化肥典型模式。其中，"有机肥+配方肥"技术模式示范面积186万亩，"果（菜）－沼－畜"技术模式示范面积29万亩，"有机肥+水肥一体化"技术模式示范面积23万亩，"有机肥+机械深施"技术模式示范面积22万亩。各地还因地制宜推广了秸秆生物反应堆、自然生草覆盖、绿肥还田等技术模式。

项目实施取得了良好的经济效益、生态效益与社会效益。项目区化肥用量减少2万多吨（折纯），下降了18%；氮磷流失减少了0.3万吨（折纯）；有机肥实物用量达到300多万吨，增加了50%；增施的有机肥相当于消纳畜禽粪污2 000多万吨，增加了土壤有机质含量。涌现出了陕西"洛川苹果"、江西"赣南脐橙"、江苏"金坛雀舌"、安徽"六安瓜片"、四川丹棱"不知火"等品质好、卖相好、价格好的"三好"品牌。

## 专栏：湖北省开展果菜茶沼肥替代化肥技术试点示范

2017年，湖北省农村能源行业主推果菜茶沼肥替代化肥技术，并分别在公安县、竹溪县、五峰县开展试点示范。

在公安县埠河镇、孟家溪镇等乡镇葡萄和红提主产区开展沼肥替代化肥技术试点示范，推广面积1万亩。示范区域内主要推广"沼肥＋配方肥"模式、"果－沼－畜"模式和"沼肥＋水肥一体化"模式。在竹溪县蔬菜设施基地开展蔬菜种植沼肥替代化肥技术试点示范，推广面积1.5万亩。主要推广"菜－沼－畜"模式和"沼肥＋配方肥"模式。在茶叶产量较为丰富的五峰县开展茶叶沼肥替代化肥技术试点示范，推广面积1万亩。主要推广"沼肥＋配方肥"模式、"茶－沼－畜"模式。目前，试点区域化肥用量明显减少、产品品质明显提高、"三品一标"认证比例不断增加、土壤质量明显提升、节本增收15%～20%，且初步建立了沼肥替代化肥的组织体系，集成推广沼肥替代化肥的生产技术模式，构建了果菜茶沼肥替代化肥长效机制。

公安县果园沼液管道铺设

竹溪县蔬菜基地沼液施肥

五峰县沼液车将沼肥施用于茶园

## 专栏：农业部生态总站举办全国沼肥生态循环农业技术培训班

2017年5月，农业部生态总站在江西省新余市召开全国沼肥生态循环农业技术培训班，来自全国各地的参训学员先后到现代农业科技园、罗坊湖头白莲基地、罗坊沼气站、新余建发生态养殖基地等，现场观摩沼肥水肥一体化利用示范、集中供气工程、节点企业示范工程和粪污收集示范工程。行业专家就种养结合模式与运行机制、沼肥生产与安全施用技术等内容对学员进行培训。

全国沼肥生态循环农业技术培训班

### 三、组织实施区域生态循环农业示范项目

2017年2月，农业部在湖北省十堰市举办了全国农业综合开发区域生态循环农业项目培训班。来自全国30多个省（自治区、直辖市）相关领导、专家和技术人员等共计180多名代表参加培训，通报了项目建设中期评价结果，讲解项目设计要求与常见问题。9月，农业部对2015年、2016年农业综合开发区域生态循环农业项目开展督导检查，共计完成17省份20个项目的督导工作，形成了《2015—2016年农业综合开发区域生态循环农业项目督导检查报告》。10月，农业部生态总站组织开展了2018年农业综合开发区域生态循环农业项目省级方案综合评价工作，对30个省份的144个项目进行评审，提交了《2018年农业综合开发区域生态循环农业项目省级方案综合评价总结报告》。

2015年，农业部联合财政部开展了农业综合开发区域生态循环农业试点工作。2016年，发布了《农业综合开发区域生态循环农业项目指引（2017—2020年）》。从2017年起，将国家农业综合开发办公室、农业部相关资金整合用于区域生态循环农业示范项目。2015—2017年，中央财政累计投入9.46亿元，主要用于开展畜禽养殖废弃物资源化利用、农副资源综合开发、标准化清洁化生产等方面的建设，促进农牧结合、种养结合、生态循环。同时，农业部生态总站作为第三方评价机构，组织开展了项目省级方案的综合评价和督导评价工作。

各项目区结合当地种植养殖等主导产业发展基础及特点，进行生态循环农业整体化设计，突出种养结合、循环利用，探索总结适合当地的生态循环农业模式。如河北省威县、山东省东营市、山东省曹县、江苏省泗洪县、四川省绵阳市等多个项目以奶牛养殖粪污处理利用为核心，将奶牛养殖、牧草及饲用玉米种植、饲草加工等种养环节有机结合起来，构建"奶牛养殖－粪污－沼气工程－有机肥－饲草种植－饲草加工－奶牛养殖"循环模式，实现种养结合，推动区域生态良性化发展。

2015—2017年，累计建设项目91个，覆盖耕地面积90万亩以上，畜禽养殖规模超过60万头生猪当量，有效解决了项目区内畜禽粪污、农作物秸秆、农产品加工剩余物等有机废弃物的处理利用难题，促进种养结合、废弃物循环再生、资源高效利用、生产清洁可控、区域种养废弃物零排放和全消纳，进一步优化了农业产业结构，提升农产品品质。

## 现代生态农业示范基地建设

### 一、加强基地建设指导

2017年，农业部部长韩长赋到陕西省延川县梁家河现代生态农业创新示范基地调研，充分肯定了基地"果－沼－畜"生态循环农业模式，并对基地下一步工作提出了具体要求。农业部生态总站下发《关于现代生态农业示范基地建设工作有关落实事项的通知》，指导13个基地分别编制了《2017—2020年建设实施方案》。印发《农业部农业生态与资源保护总站试验示范基地管理办法（试行）》，首批在河北省尚义县认定了十三号村现代生态农业创新示范基地和张家口大红杞农业野生植物驯化繁育基地。将延川县梁家河纳入基地建设范围，变更了内蒙古生态农业基地建设地点。参与浙江省省部共建现代生态循环农业试点省建设评估，完成了衢州市整建制生态循环农业试点市建设验收。

2014—2017年，农业部生态总站累计投资4 000余万元，在山西、内蒙古、辽宁、浙江、山东、河南、湖北、安徽、重庆、贵州、甘肃、江苏、陕西13个省（自治区、直辖市），依托农民专业合作社、农业产业化龙头企业、农业园区管理委员会、家庭农场等新型农业经营主体，建设了13处现代生态农业示范基地，编制了现代生态农业核心技术清单，并将23项技术要点制成技术规范，实现标准化操作，凝练出现代生态农业六大区域建设模式，探索出有效的现代生态循环农业运行机制。

## 二、加强监测评价

2017年5月，农业部生态总站在北京举办现代生态农业基地监测调查工作交流会。全面总结基地过去3年监测调查情况，针对存在问题提出改进措施，对基地监测预警平台数据上报分析进行了培训。与会代表还围绕典型地块设置、数据填报统计、样品采集送检等与专家进行了深入交流。来自全国13个基地主要负责人、技术人员和基地指导专家等50余人参加了会议。

2013—2017年，农业部生态总站按照打造"百年洛桑试验站"的理念，推进生态农业基地建设，加强基地监测评价，组织省级农业资源环保站和地方专家开展人工采集指标的取样测试工作，对基地的土壤、水、农产品品质等进行动态采样分析。在13个基地设置传感器、探头、传输设备等，自动获取生产关键环节相关气象和环境指标数据，构建生态农业基地动态监测网络。整合实测数据和自动监测数据，建立监测预警信息平台，加强监测结果的分析评价。

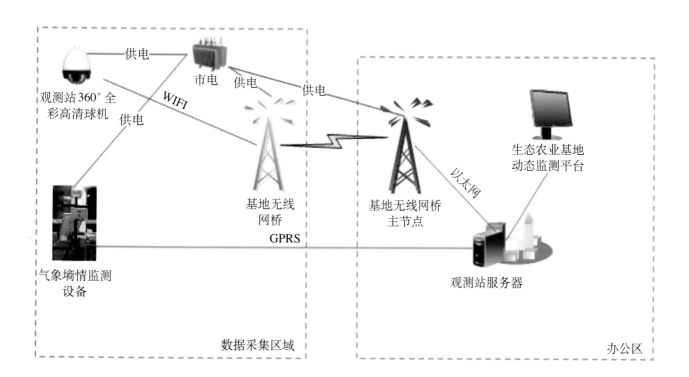

生态农业基地动态监测网络

### 三、开展技术指导

2017年12月，农业部生态总站在安徽省桐城市举办现代生态农业基地建设交流研讨会。交流项目年度建设成果，分组研讨基地技术模式、运行机制和发展方向，研究部署基地建设工作。各基地首席指导专家、建设主体负责人和相关管理部门负责人共70多人参会。

2013—2017年，农业部生态总站对不同区域生态农业技术进行提升凝练，组织编制了稻虾生态种养、山区生态茶园清洁生产、葡萄园养鸡生草、现代生态果园生产、马铃薯节水控肥等23项生态农业技术规程或标准。召开各类技术模式与政策培训班、技术研讨会、年度总结会20次，培训生态农业经营主体200余家和生态农业技术人员2 000余人次。

现代生态农业基地技术模式与政策机制培训班开班仪式

培训班人员参观示范基地

基地现场观摩会

技术研讨会

# 探索生态循环农业典型模式

2013—2017年，农业部生态总站结合现代生态农业创新示范基地建设项目，依托农民专业合作社、农业产业化龙头企业、农业园区、家庭农场等新型农业经营主体，针对不同区域特点和生产实际，以当地最突出的生态环境问题为切入点，筛选适用技术，集成组装配套，探索形成了西北干旱区节水环保型、集约化农区高效清洁型、西南山区生态涵养型、南方水网区水体清洁型、大中城市郊区产业融合型、黄土高原区果园清洁型六大现代生态农业建设模式，打造了一批现代生态农业的区域样板，13处基地推广面积接近20万亩，带动辐射面积约80万亩，化学农药、化肥减施率达30%以上，农业废弃物循环利用率超过90%，农药残留抽检合格率达到100%，农产品优质率达90%以上。

## 现代生态农业建设示范基地典型模式及示范面积

| 序号 | 区域建设模式类型 | 示范基地 | 基地面积（亩） |
|---|---|---|---|
| 1 | 节水环保型生态农业模式 | 甘肃金川现代生态农业基地 | 22 800 |
| | | 内蒙古乌兰察布现代生态农业基地 | 7 000 |
| 2 | 黄土高原特色林果清洁生产生态农业模式 | 山西吉县现代生态农业基地 | 5 000 |
| | | 陕西省延川县现代生态农业示范基地 | 2 000 |
| 3 | 西南生态脆弱区生态保育型生态农业模式 | 贵州花溪现代生态农业基地 | 1 500 |
| 4 | 南方水网区水资源循环利用型生态农业模式 | 湖北鄂州现代生态农业基地 | 11 000 |
| | | 江苏宜兴现代生态农业基地 | 2 000 |
| | | 安徽桐城现代生态农业基地 | 2 000 |
| 5 | 北方集约化农区清洁生产型生态农业模式 | 辽宁沈阳现代生态农业基地 | 2 300 |
| | | 河南安阳现代生态农业基地 | 50 000 |
| | | 山东齐河现代生态农业基地 | 80 000 |
| 6 | 城郊型多功能生态农业模式 | 重庆巴南现代生态农业基地 | 10 500 |
| | | 浙江宁波现代生态农业基地 | 1 030 |
| 合计（处） | | 13 | 197 130 |

## 一、节水环保型生态农业模式

针对西北地区水资源紧缺、地膜污染严重、种养结合不紧密问题，运用农田节水技术、地膜回收再利用技术、种养结合循环利用技术，构建水资源高效利用、投入品回收再生利用、农业废弃物闭合循环利用的生产体系，实现水资源节约利用、减轻"白色污染"、培肥地力、提升土壤有机质、改善农田生态环境。农田节水技术包括膜下滴灌、根区导灌和低压管灌等技术，地膜回收再利用技术包括地膜多次利用技术和地膜回收再利用技术，种养结合清洁生产技术包括沼气工程、有机肥施用、秸秆还田等。

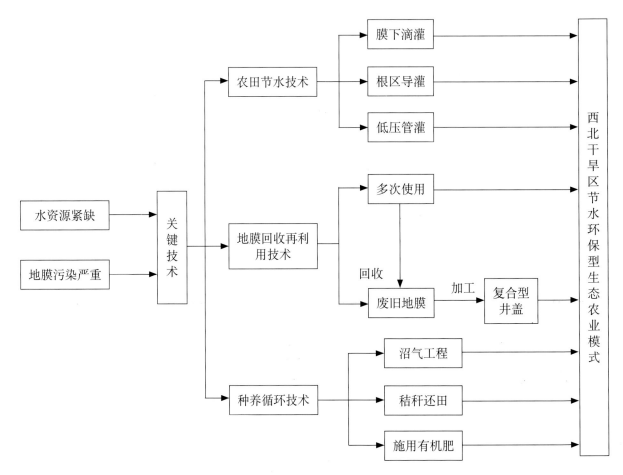

西北干旱区节水环保型生态农业模式

## 二、黄土高原区果园清洁型生态农业模式

针对黄土高原地区水土流失严重、降水量少且集中、农田水分严重亏缺、植被覆盖率低、整体生态环境脆弱等问题，在黄土高原地区发展以林粮间作、果粮间作、林果业为主的特色清洁生产生态农业模式，示范推广生态种植、生态集水节水、废弃物循环利用等关键技术。其中，生态种植关键技术包括坡改水平梯田技术、果林间作技术、果粮间作技术、果园生草技术、病虫害生态防治技术等；生态集水节水关键技术包括雨水集蓄技术、水肥一体化技术、微喷滴灌节水灌溉技术、黑膜保墒技术等；废弃物循环利用关键技术包括畜禽粪便厌氧发酵技术、沼液还田利用技术、果木废弃物炭化技术、果木废弃物干馏技术、薄膜回收技术等。

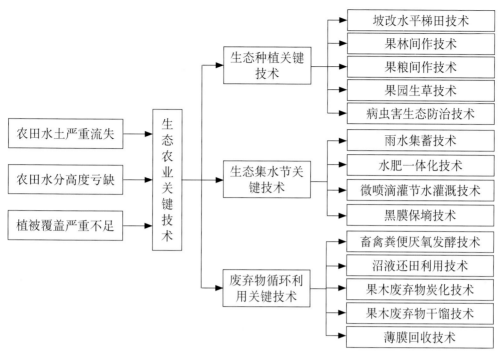

黄土高原区果园清洁型生态农业模式

### 三、西南生态脆弱区生态保育型生态农业模式

针对西南生态脆弱区生态环境脆弱、坡耕地水土流失严重、农业面源污染日益加重等问题，利用坡耕地水土流失控制技术，采用控制性工程、生物工程以及种植技术相结合的方式，达到西南山区水土保持和生态修复的目的。同时，按照"一控两减三基本"的要求，配套种养结合、测土配方施肥、水肥一体化、病虫害绿色防控等多种技术，在减少化肥、农药用量的同时，提高土壤质量，减少氮磷流失，控制面源污染，实现该地区生态农业循环发展。

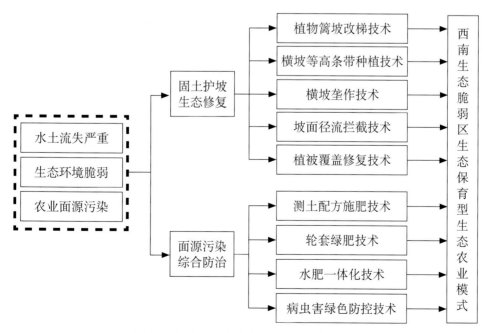

西南生态脆弱区生态保育型生态农业模式

### 四、南方水网区水体清洁型生态农业模式

针对南方水网区水体富营养化和农业废弃物污染等问题，以稻田清洁生产、养分循环利用为发展方向，推广肥药减量施用、稻田综合种养、水循环养殖、生态拦截等综合技术，逐步推进绿色种养业结合，形成"资源－产品－废弃物－再生资源"的生态农业模式。通过秸秆还田、有机肥施用、测土配方施肥、绿肥轮作、病虫害绿色防控等技术，减少化肥、农药使用，从源头上控制农田面源污染。通过生态拦截沟渠技术、人工湿地塘技术、生态浮床技术，加强对现有沟渠塘的生态改造和功能强化，有效拦截、净化农村和农田面源污染物，继而将尾水农田回用，实现水资源和养分的循环利用。通过稻田虾稻连作技术、稻鸭共作技术、稻鱼共生技术等开展稻田综合种养。通过林下养殖家禽等技术开展果园立体种养，增加系统内物质、能量的循环和梯级利用，减少化学品投入，提高产品质量，整体提升综合经济效益。

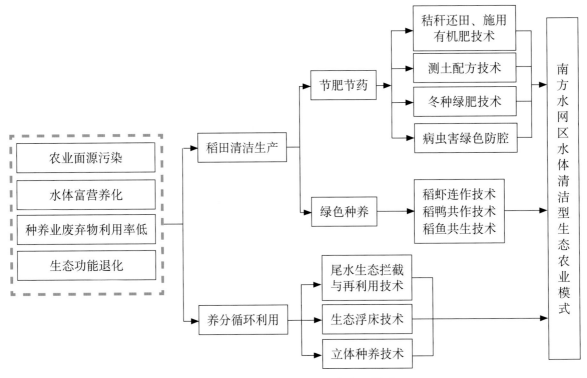

南方水网区水体清洁型生态农业模式

### 五、北方集约化农区清洁生产型生态农业模式

针对北方集约化农区种养高度分离、种植模式单一、生物多样性低、化肥农药投入强度高、地下水使用过量等问题，示范推广清洁生产型生态农业模式。包括种养结构调整优化、多样化种植、减肥减药、高效节水4方面技术内容。其中，种养结构调整是核心，要根据不同区域、不同生产现状、不同规模生产条件等，分别采用区域大循环、规模化种养结合、适当范围内的规模化立体种养等措施，充分发挥机械化、现代化农业技术的优势。多样化种植是根本，要在充分保障农田最大限度利用率的前提下，合理布局山、水、林、田、路，利用一切可用空间资源，配置适当比例的林、草、花环境植物种植，引进农作物新品种实现区域农田多品种混作间作，推广绿肥种植，提高农田生物多样性。减肥减药和高效节水是规模化集约农业地区实现清洁生产的两个根本抓手，要通过设施设备配套、社会服务跟进、体制机制保障等措施综合施策，确保组装配套、整体推进、系统高效。

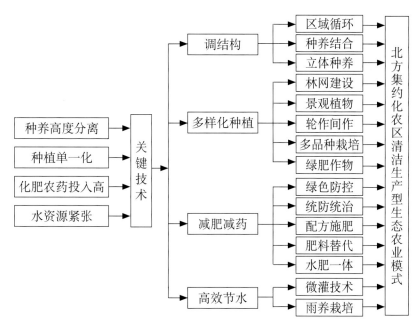

北方集约化农区清洁生产型生态农业模式

## 六、城郊型多功能生态农业模式

针对城郊区农业发展面临的资源紧张、环境污染风险大、农产品价值提升等问题，促进城郊区农业向多功能服务方向发展，形成城郊型多功能生态农业模式。该模式包含资源高效利用、污染综合阻控、产品综合开发三方面内容。在资源高效利用上，要做好有限的水土资源的合理布局与利用，既实现平面空间的利用，又实现立体空间的利用；既实现静态的利用，又实现动态的利用。在污染综合阻控上，要做好外源污染与内源污染的防控，充分发挥科技与经济优势，优化种养结构布局，配套环境整治工程，减少污染产生与排放，创造良好的农业生态环境。在产品综合开发上，要在做精做优生态农产品的基础上，大力开发生态休闲体验、生态科普教育等相关功能，提升生态服务价值。

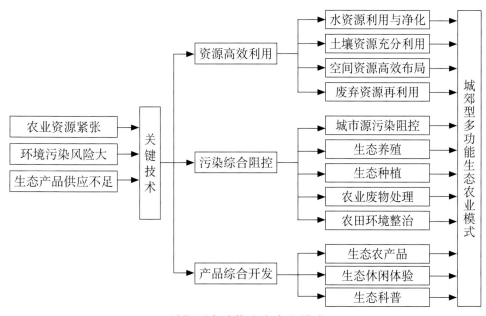

城郊型多功能生态农业模式

## 专栏：浙江省开展区域性田园生态系统试点建设

2017年，浙江省在金华市野猫畈粮食功能区开展区域性田园生态系统试点建设，系统集成了沼液科学施用、秸秆全量化利用、稻田地表径流农业面源污染监测以及农田生态沟渠氮磷拦截系统等多种绿色生产技术模式，吸引6万余人次参观学习，为浙江省农业绿色发展提供了样板方案。

金华市野猫畈农田定位监测设施

金华市野猫畈生态渠

## 专栏：陕西省延川县着力打造梁家河"果－沼－畜"模式示范园

2017年，陕西省延川县依托延安市辰明沼气能源有限公司延川分公司沼肥配送等社会化服务，建成梁家河环线千亩水肥一体化沼肥苹果示范园，建设了沼气工程、养殖小区、沼肥预存池、沼肥施用设施、防护网、防雹网等，推广了果园间套油菜和铺设黑色地膜及反光膜等技术，示范面积1 000亩，辐射带动50 000亩。在运营机制方面，农民有偿购买养殖小区沼肥，每吨沼肥指导价30元，由辰明公司免费配送到田间沼肥储存池，县政府对辰明公司给予每吨50元的运费补贴，每亩每年配送沼肥2吨。通过示范基地观测记载和分析统计，科学施用沼渣沼液可使苹果增收10%～20%。初步形成了一套成熟的可复制、可推广的"果－沼－畜"生态农业循环发展模式，为全县产业扶贫和精准脱贫蹚出了一条新路。

秸秆综合利用

## 秸秆综合利用政策规划

2017年12月，国家发改委、农业部、国家能源局联合发布《关于开展秸秆气化清洁能源利用工程建设的指导意见》。要求以加快推进秸秆综合利用和改善农村能源供应体系为目标，以加强政策引领、整县推进为抓手，优化产业组织结构，促进农村生产、生活和产业体系相融合，切实发挥龙头企业带动作用，推进粮棉主产区和北方地区冬季清洁取暖，推动秸秆综合利用高值化、产业化，促进2020年全国秸秆综合利用率目标任务完成。

2013—2017年，农业部联合国家发改委、环境保护部、财政部等有关部门，先后印发了《关于加强农作物秸秆综合利用和禁烧工作的通知》《关于深入推进大气污染防治重点地区及粮棉主产区秸秆综合利用的通知》《京津冀及周边地区秸秆综合利用和禁烧工作方案（2014—2015年）》《关于进一步加快推进农作物秸秆综合利用和禁烧工作的通知》《关于印发编制"十三五"秸秆综合利用实施方案的指导意见的通知》《关于开展秸秆气化清洁能源利用工程建设的指导意

见》等政策文件和指导意见，不断强化顶层设计，推动秸秆综合利用工作向纵深发展。

2013年以来，各试点省在落实国家相关政策的基础上，根据当地实际情况，在用地用电、绿色通道、农机购置、产品补贴等方面推出了一批配套政策，不断强化秸秆产业发展新动能。如吉林省物价局、交通厅、农委、能源局分别下发通知，对农作物秸秆初加工用电执行农用电价格、秸秆运输车辆免收车辆通行费、秸秆打捆机实行1：1叠加补贴、秸秆成型燃料用于民用供热及炉具给予补贴等。

在国家和地方相关政策的指导推动下，我国秸秆综合利用成效显著。2008年，全国秸秆可收集资源量约为7.16亿吨，综合利用率达到68.7%；2012年，全国秸秆可收集资源量约为7.91亿吨，综合利用率达到74.1%；2015年，全国秸秆可收集资源量约为8.99亿吨，综合利用率达到80.1%；2016年底，全国秸秆可收集资源量约为8.24亿吨，综合利用率达到81.68%。2008年以来，我国秸秆综合利用率年均增幅约1.6个百分点。

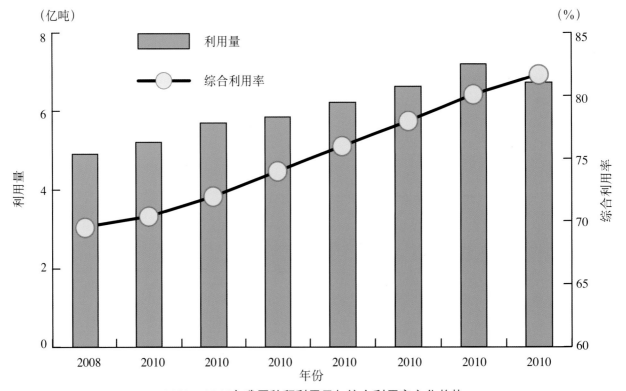

2008—2016年我国秸秆利用量与综合利用率变化趋势

从秸秆"五料化"利用情况看，2016年全国秸秆肥料化、饲料化、燃料化、基料化、原料化利用量分别为38 869.04万吨、14 815.97万吨、9 711.98万吨、1 837.87万吨、2 034.38万吨，分别占秸秆可收集资源量的47.20%、17.99%、11.79%、2.23%、2.47%，基本形成以肥料化利用为主，饲料化、燃料化稳步推进，基料化、原料化为辅的综合利用格局。

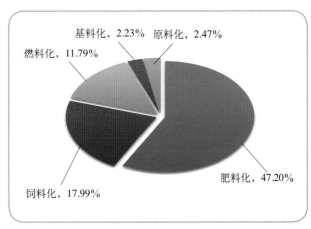

2016年全国秸秆"五料化"利用比例

从不同区域看，2016年华北区秸秆综合利用率最高，达到94.73%；其余依次为西北区89.21%、华东区88.89%、中南区83.01%、西南区74.27%、东北区63.43%。其中，华北区主要以肥料化利用为主、饲料化利用为辅，综合利用量分别占该区秸秆可收集量的54.21%、25.80%。西北区则是饲料化和肥料化同步推进，利用量占比均达到38%；华东区和中南区以肥料化利用为主，利用比例分别为60.92%、53.02%；东北区和西南区利用结构相似，均以秸秆肥料化、饲料化、燃料化为重点途径，其中东北区三者利用比例分别为29.19%、14.88%、16.41%，西南区为37.38%、18.08%、13.96%。

### 2016年中国主要农区秸秆综合利用量

| 区域 | 可收集量（万吨） | 综合利用量（万吨） | | | | | | 综合利用率（%） |
|---|---|---|---|---|---|---|---|---|
| | | 肥料化 | 饲料化 | 燃料化 | 基料化 | 原料化 | 合计 | |
| 华北区 | 10 496.45 | 5 689.67 | 2 708.04 | 1 356.72 | 103.97 | 84.95 | 9 943.35 | 94.73 |
| 东北区 | 18 035.32 | 5 265.93 | 2 684.04 | 2 960.19 | 198.70 | 330.71 | 11 439.57 | 63.43 |
| 华东区 | 21 048.61 | 12 823.01 | 2 540.01 | 1 994.97 | 704.50 | 647.93 | 18 710.42 | 88.89 |
| 中南区 | 17 773.84 | 9 423.09 | 2 451.87 | 1 899.23 | 411.82 | 567.55 | 14 753.56 | 83.01 |
| 西南区 | 6 437.83 | 2 406.39 | 1 164.26 | 898.92 | 176.00 | 135.80 | 4 781.37 | 74.27 |
| 西北区 | 8 565.38 | 3 260.95 | 3 267.74 | 601.95 | 242.89 | 267.43 | 7 640.96 | 89.21 |
| 全国 | 82 357.43 | 38 869.04 | 14 815.96 | 9 711.98 | 1 837.88 | 2 034.37 | 67 269.23 | 81.68 |

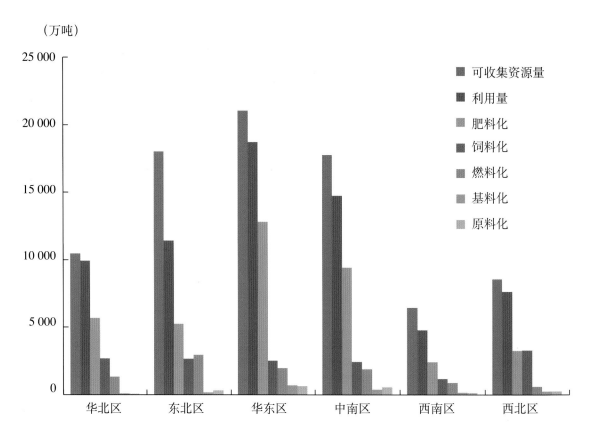

2016年中国主要农区秸秆综合利用量

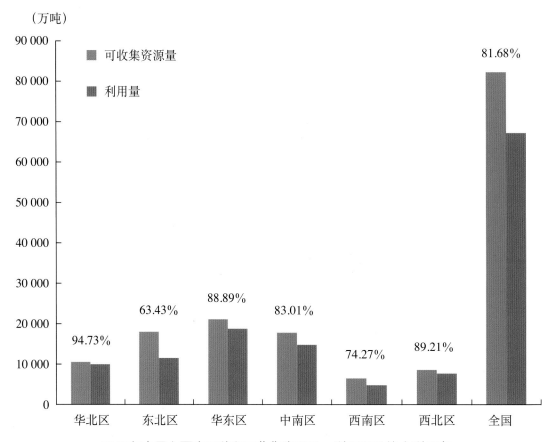

2016年中国主要农区秸秆可收集资源量、利用量及综合利用率

## 秸秆综合利用试点项目

2016年，农业部、财政部联合印发《关于开展农作物秸秆利用试点　促进耕地质量提升工作的通知》，围绕加快构建环京津冀生态一体化屏障的重点区域，选择农作物秸秆焚烧问题较为突出的河北、山西、内蒙古、辽宁、吉林、黑龙江、江苏、安徽、山东、河南10省（自治区），首次开展秸秆综合利用试点，建设内容包括严禁秸秆露天焚烧、推进以农用为主的秸秆综合利用、提高秸秆工业化利用水平、发挥社会化服务组织作用等。2016年中央财政投入资金10亿元，建设试点县90个，探索可持续、可复制推广的秸秆综合利用技术路线、模式和机制。

2017年，中央财政投入13亿元，继续在内蒙古、辽宁、吉林、黑龙江、江苏、安徽、山东等9省（自治区）开展秸秆综合利用试点建设，共建设试点县143个（其中，包括东北地区秸秆处理行动试点县71个）。会同财政部开展了2016年秸秆综合利用试点绩效评价工作，绩效评价结果显示，试点区域内秸秆焚烧情况得到有效控制，秸秆焚烧火点数11 624个，较2015年降低32%；所有试点县秸秆综合利用率均达到90%以上或比上年提高5个百分点；每个试点县秸秆还田、利用和收储运等社会化服务组织整体达到5个（含）以上。根据评价结果，淘汰了后3名省份试点资格。5月，配合财政部"大专项+任务清单"管理方式改革，将秸秆综合利用列为农业资源及生态保护补助资金约束性指标任务，对9个省（自治区）提出了秸秆综合利用试点任务要求，推动区域秸秆利用能力整体提升。同时，完善了绩效考核体系，明确了试点省（自治区）秸秆综合利用率、还田面积、试点县秸秆综合利用率、焚烧火点数量、利用主体培育等考核指标，确保中央试点资金落到实处。

在中央财政试点补助资金的带动下，各试点省（自治区）不断整合项目资金，加大投入力度，支持秸秆综合利用能力提升。黑龙江省整合两大平原涉农资金1亿元、辽宁省整合相关项目资金1.49亿元、河南省整合资金7 536万元，支持秸秆收储运体系和相关项目建设，有力推动了试点县秸秆产业发展。

---

### 专栏：黑龙江省开展农村秸秆压块燃料化利用试点示范

2017年，黑龙江省印发《加强农村秸秆压块燃料化利用工作实施方案》，明确了秸秆燃料化利用任务目标、路径出口、资金方向、补助原则、推进措施和政策保障，在全省60个县（市）开展秸秆压块燃料化试点示范，每个秸秆压块站带动350个农户安装节能炉具，并使用秸秆压块成型燃料。通过开展秸秆压块燃料试点示范工作，秸秆压块燃料利用市场化销售渠道逐步建立，涌现出一批可复制、可推广的秸秆燃料化利用运行模式，如海伦市强化政府行为、加大资金投入、进行公共设施锅炉改造、增大秸秆压块燃料市场空间的整市推进模式，以及桦南大峰、五常华田、富裕启迪桑德、方正盛翔等企业带动模式，巴彦民主村、肇源三站的合作社领办模式。

## 东北地区秸秆处理行动

2017年，农业部从中央财政秸秆综合利用试点资金中安排5.86亿元，在东北地区以玉米主产县为单元，开展秸秆处理利用，通过秸秆肥料化、饲料化、能源化三大主攻方向，加快培育秸秆收储运社会化服务组织，推动出台并落实用地、用电、信贷等优惠政策，逐步建立起政府引导、市场主体、多方参与的产业化发展机制。

4月，农业部在黑龙江省哈尔滨市召开东北地区秸秆处理行动推进会，张桃林副部长出席会议并讲话。全面部署了东北地区秸秆处理行动重点工作，观摩了秸秆利用成功模式和技术途径，有关省、试点县及秸秆创新联盟交流了典型经验和做法。5月，农业部印发了《东北地区秸秆处理行动方案》，提出到2020年力争东北地区秸秆综合利用率达到80%以上，比2015年提高13.4个百分点，新增秸秆利用能力2 700多万吨，基本杜绝露天焚烧现象；培育专业从事秸秆收储运的经营主体1 000个以上，年收储能力达到1 000万吨以上，新增年秸秆利用量10万吨以上的龙头企业50个以上，形成可持续、可复制、可推广的秸秆综合利用模式和机制。下发了《关于加快推进东北地区秸秆处理行动有关工作的通知》，制定了半月进展调度表、任务分解表及县域秸秆处理运行机制提纲等，实行一周一调度，实时了解行动进展。10月，农业部在吉林省长春市农安县召开全国秸秆机械化还田离田暨东北地区秸秆处理行动现场会，张桃林副部长出席会议并讲话，要求加快构建以机械化为支撑的秸秆综合利用技术体系、服务体系和产业体系，推动秸秆综合利用迈上新台阶。12月，农业部组织赴黑龙江、吉林、辽宁和内蒙古4省（自治区）开展东北地区秸秆处理行动督导检查工作。引导东北三省一区农业科学院和农垦科学院，组建东北区域玉米秸秆综合利用协同创新联盟，以秸秆深翻还田、覆盖还田、秸秆饲料防腐剂筛选、寒区秸秆沼气发酵等问题为重点，开展"集团军"式科研攻关。组织联盟编写《东北地区秸秆处理技术指南》，提出"五料化"利用的相关技术流程、操作要点、设备选型、适宜区域和典型案例等。组织东北三省一区和黑龙江农垦总局编制印发了《"十三五"省级秸秆综合利用实施方案》。

东北秸秆处理行动实施一年来，共建设试点县71个，秸秆综合利用率比2016年提高7.1个百分点。新增秸秆还田面积3 000多万亩、秸秆收储能力1 200多万吨、秸秆利用能力900万吨，培育秸秆收储运专业化组织约2 100多个、年可利用秸秆10万吨以上的龙头企业57个，有力推动了东北黑土地耕地质量提升和秸秆利用质量效益。

# 秸秆综合利用技术支撑

## 一、加强技术指导

2017年2月，农业部生态总站印发《区域农作物秸秆处理利用技术导则》，指导各地科学谋划和布局秸秆综合利用产业发展，提升秸秆利用区域统筹水平。在现代农业产业技术体系内增设秸秆综合利用科学家岗位，围绕秸秆"五料化"利用方向的关键技术瓶颈，开展协同技术创新，加大科技攻关力度。

### 秸秆"五料化"利用技术一览

| 序号 | 技术名称 |
| --- | --- |
| 1 | 秸秆直接还田技术 |
| 2 | 秸秆腐熟还田技术 |
| 3 | 秸秆生物反应堆技术 |
| 4 | 秸秆堆沤还田技术 |
| 5 | 秸秆青（黄）贮技术 |
| 6 | 秸秆碱化/氨化技术 |
| 7 | 秸秆压块饲料加工技术 |
| 8 | 秸秆揉搓丝化加工技术 |
| 9 | 秸秆人造板材生产技术 |
| 10 | 秸秆复合材料生产技术 |
| 11 | 秸秆清洁制浆技术 |
| 12 | 秸秆木糖醇生产技术 |
| 13 | 秸秆固化成型技术 |
| 14 | 秸秆炭化技术 |
| 15 | 秸秆沼气生产技术 |
| 16 | 秸秆纤维素乙醇生产技术 |
| 17 | 秸秆热解气化技术 |
| 18 | 秸秆直燃发电技术 |
| 19 | 秸秆基料化利用技术 |

2013—2017年，农业部联合国家发改委印发《秸秆综合利用技术目录（2014）》，推介发布秸秆"五料化"利用技术19项，积极推广和科普宣传秸秆综合利用技术。

## 二、推广典型模式

2017年，农业部组织专家对征集到的18个省（自治区、直辖市）93个秸秆综合利用典型模式，从模式内涵、模式特点、模式流程、配套政策、适宜范围和典型案例6个方面进行了总结凝练。4月，农业部办公厅印发《关于推介发布秸秆农用十大模式的通知》，发布了东北高寒区玉米秸秆深翻养地模式、西北干旱区棉秆深翻还田模式、黄淮海地区麦秸覆盖玉米秸旋耕还田模式、黄土高原区少免耕秸秆覆盖还田模式、长江流域稻麦秸秆粉碎旋耕还田模式、华南地区秸秆快腐还田模式、秸饲肥种养结合模式、秸沼肥能源生态模式、秸菌肥基质利用模式、秸炭肥还田改土模式十大模式。鼓励地方依托国家现代农业产业技术体系和基层农技推广体系，组织专家和农技人员集中开展培训，促进秸秆农用模式进村、入户、到田。

2014—2015年，农业部生态总站配合农业部科技教育司，遴选北京市顺义区北务镇、天津市蓟县下仓镇、河北省鹿泉区上庄镇3个典型乡镇，开展秸秆全量化利用试点示范，初步形成了多元循环利用型、还田利用主导型和产业利用主导型3种全量利用发展模式。

## 三、开展技术培训

2017年6月，农业部会同财政部等在山东省兰陵县召开小麦秸秆综合利用现场交流会，总结交流各地秸秆综合利用的典型经验，来自华东、华北、西北等8个省、100余人参加了会议。

2013—2017年，农业部先后在北京举办了全国秸秆综合利用技术培训班，在山东省潍坊市举办了秸秆综合利用技术北方片培训班，在江苏省南京市举办了秸秆综合利用技术南方片培训班，在河北省石家庄市召开了全国农作物秸秆综合利用暨农机深松整地作业现场会，在内蒙古兴安盟召开了东北西北片区秸秆综合利用现场经验交流会，在浙江省衢州市召开了南方片秸秆综合利用现场交流会，组织开展秸秆综合利用技术培训和经验交流。

专栏：安徽省举办秸秆综合利用产业博览会

2017年6月，安徽省在合肥市举办了秸秆综合利用产业博览会，这是首个由政府主办的秸秆产业专业博览会。博览会以"发展秸秆产业，推进绿色发展"为主题，集中展示了秸秆收储运体系中的机械设备和技术工艺；以先进的综合利用技术为支撑，集中展示了秸秆"五化"利用的优秀成果；以文化艺术为载体，集中展示了一批精美的秸秆文化艺术品。博览会还以高峰论坛、对接会等形式，深入探讨秸秆产业利用的广阔前景，为推动秸秆产业发展提供开放的交流平台。

农业应对气候变化

## 国际履约与谈判

### 一、参加履约谈判

2017年，农业部组建农业应对气候变化专家团队，赴德国参加"联合国气候变化波恩大会"，并达成历史性决议，推动我国农业绿色转型发展与国际公约相衔接。

近年来，农业部先后参加《联合国气候变化框架公约》、《京都议定书》缔约方会议及其附属机构和重要的工作组会议，参加政府间气候变化专门委员会的相关活动，负责农业相关领域议题的谈判磋商。主要负责或参与了"农业行业减排活动""行业方法问题""土地利用、土地利用变化与林业有关条款""造林和再造林CDM项目活动执行方式和模式""气候变化影响与适应""气候变化影响与适应5年工作计划"等议题的谈判。

### 二、组织参与全球农业温室气体联盟活动

2017年，农业部组织专家赴日本参加全球农业温室气体联盟活动，研讨农业应对气候变化对策，构建区域农业应对气候变化合作平台。

近年来，农业部在国家发改委的统一协调下，具体承担了全球农业温室气体研究联盟的相关工作。组织国内相关专家成立了全球农业温室气体研究联盟专家组，建立了联盟下畜禽、农田、水稻、碳氮循环交叉工作组和清单及测量交叉工作组的专家工作团队，多次参加5个工作组的研究和交流活动，了解并反馈国际农业温室气体研究最新动向，积极研究、参与联盟相关规则制定，对外展示我国农业应对气候变化科技成果，发出我国农业科技界关于温室气体减排活动的声音。

### 三、开展《蒙特利尔议定书》国际公约履约活动

2017年，农业部组织专家赴加拿大参加《蒙特利尔议定书》第29次缔约方大会，宣传我国履约成果，争取农业行业甲基溴关键用途豁免，维护生姜种植农户的利益。

近年来，农业部在环境保护部的统一协调下，组织参加了《蒙特利尔议定书》缔约方大会及不限名额工作组会议，参与甲基溴豁免谈判磋商，积极参与谈判对案研究，积极争取甲基溴关键用途豁免，使中国农业行业淘汰甲基溴时间从2015年推迟到2018年，在一定程度上保证了食品安全和姜农的利益。

组织实施农业行业甲基溴淘汰项目，在农业领域完成草莓、番茄、黄瓜和茄子等作物的甲基溴淘汰履约年度目标；召开国际交流与履约工作研讨会，对国际履约工作中存在的问题进行了研讨；继续推进农业社会化服务体系，构建起产学研一体化的土壤消毒行业发展机制，力促打通科技推广的"最后一公里"。

## 应对气候变化国内措施

2017年，农业部围绕应对气候变化组织举办了一系列技术业务培训班，组织相关领域人员赴国外参加培训考察。11月，农业部生态总站在海南省海口市举办农业应对气候变化经验技术示范培训班，来自全国14个省（自治区、直辖市）农业资源环保系统的管理和技术人员与中国热带农业科学院等科研教学单位80多名代表参加了培训。国家应对气候变化战略研究和国际合作中心、中国农业科学院和华中农业大学的专家分别就相关内容进行了培训。同时，还在辽宁省沈阳市举办了环境友好型农业国际新技术新理念培训班。12月，在北京联合举办了全球清洁炉灶联盟省柴节煤炉灶炕技术培训班。同时，组织人员赴英国执行"循环农业综合利用技术"培训项目和参加农业可持续集约化大会，赴日本参加"畜禽养殖污水处理技术合作研究"，赴美国参加"畜禽粪污集中处理技术合作研究任务""第五届中美先

进生物燃料论坛""农业应急管理培训",赴以色列参加ISO/TC 255第四次会议,赴澳大利亚参加气候智慧型农业综合技术交流,努力拓展国际业务和合作空间,提升我国国际影响力。

农业应对气候变化经验技术示范培训班

近年来,农业部围绕农业应对气候变化,成立了应对气候变化与节能减排领导小组,印发了《农业部关于加强农业和农村节能减排工作的通知》。连续承担了气候变化下农业相关问题的磋商,积极派员参加中国代表团执行公约和议定书相关谈判会议任务,跟踪农业适应气候变化、农业温室气体减排、相关科技问题、能力建设等议题的最新动向。

2013—2017年,农业部采取了一系列行动和措施,减少农业源温室气体排放,提高农业适应气候变化的能力,确保我国的粮食安全和生态安全。包括:将农业应对气候变化的相关工作纳入国家应对气候变化战略、规划;制订农业应对气候变化工作方案;协调农业领域各行业开展农业应对气候变化工作;开展农业温室气体排放统计;组织南京农业大学、中国农业科学院、中国科学院等科研院校开展气候变化相关问题研究;举办与气候变化有关的研讨会和培训班,如中欧气候变化影响与适应国际研讨会、气候变化公约亚洲区气候变化影响与适应研讨会、农业领域开展清洁发展机制项目培训班等;在国家气候变化外宣片和相关材料中,积极反映农业应对气候变化工作成果。

## 应对气候变化国际项目

### 一、组织实施农业行业甲基溴淘汰项目

1.编制技术规范 2017年,农业部生态总站组织编制了《棉隆土壤消毒技术规程》《威百亩土壤消毒技术规程》《硫酰氟土壤消毒技术规程》《草莓作物良好农业规范》《番茄作物良好农业规范》等技术规程。推动发布了农业部第2552号公告,决定自2019年1月1日起禁止甲基溴在农业领域的应用。

2.开展土壤消毒技术培训 2017年3月,农业部生态总站在河北省张家口市举办土壤消毒技术培训班,邀请专家介绍了相关政策和技术,交流了国内土壤消毒技术及典型经验。5月,在山东省寿光市举办设施蔬菜与土壤消毒技术培训班,邀请专家就设施蔬菜产业土壤消毒技术、环境友好型植保技术等进行了讲解。7月,在北京举办土壤消毒技术与果蔬绿色产业发展培训班,介绍了土壤消毒技术在果蔬上的应用情况,并观摩了土壤熏蒸作业现场。10月,在山东省安丘市举办土壤消毒技术培训班,介绍了山东省和安丘市农业行业甲基溴淘汰履约、土壤消毒与食品安全以及土壤熏蒸修复社会化服务体系建设等工作。

3.组织参加科普展览 2017年9月,农业部生态总站和农业行业甲基溴淘汰项目管理办

公室在第十五届中国国际农产品交易会上组织举办了土传病虫害防控展览。展览以"淘汰甲基溴，保护臭氧层，建立完善土壤消毒技术体系，助推农业产业绿色发展"为主题，展示了履行《蒙特利尔议定书》、实施农业甲基溴淘汰项目取得的丰硕成果和土壤消毒技术体系，并荣获最佳组织奖和设计银奖。此外，还在《农民日报》开展了《为了绿水蓝天的承诺，土壤消毒技术体系十年创新不凡路》的系列专题报道，制作了项目履约宣传片《甲基溴替代的"舍"与"得"》，并在相关媒体播放。

第十五届中国国际农产品交易会甲基溴淘汰与土传病虫害防控展览现场

4.继续推进项目实施  2017年，农业部生态总站和农业行业甲基溴淘汰项目管理办公室制订了《山东省关键用途豁免甲基溴跟踪管理方案》，对批准的92.977吨甲基溴年度关键用途豁免量在山东进行按需分配。争取2018年中国生姜关键用途豁免量87.24吨，为我国生姜产业甲基溴替代技术的完善争取到最后缓冲期。开展了草莓和山药的土壤消毒技术示范与成果评价。在河北、吉林、云南分别开展山药、人参、三七的土壤消毒技术应用与推广。完善土壤熏蒸社会化服务体系，成立了11个专业化社会服务组织，以山东安丘为代表的"氯化苦土壤熏蒸社会化服务模式"逐步成熟。9月，在北京举办农业行业

甲基溴淘汰项目管理培训班。

2013—2017年，农业部围绕甲基溴替代技术体系的完善和关键用途豁免甲基溴的申请及监管，筛选并完善了生姜甲基溴替代技术体系，出台了土壤熏蒸剂管理相关政策，形成了政府引导、科技支撑、企业主导、农民参与、协会系统推进的农业社会化服务体系，形成了可持续履约、农民增收和产业绿色发展三赢的新局面。2015—2017年，累计获得339.49吨的生姜作物甲基溴关键用途豁免量，在一定程度上保证了食品安全和姜农的利益。

## 二、组织实施节能砖与农村节能建筑市场转化项目

2017年2月，农业部联合财政部和UNDP驻华代表处在北京举办"节能砖与农村节能建筑市场转化项目2016年项目指导委员会年会暨项目三方评审会"，与会领导和专家充分肯定了项目的工作成果，并对做好项目成果的持续推广提出了指导性意见。

截至2016年底，项目在河北、陕西、湖南、湖北、浙江、四川、重庆、吉林、新疆、甘肃、山东、安徽、西藏等23个省（自治区、直辖市）指导220个节能砖示范推广企业完成了技术改造，推动了砖瓦行业的技术进步和产业升级，节能砖在全国农村市场的占有率达到了30%。在13个省（自治区、直辖市）建立了55个农村节能建筑示范与推广工程，17 306户居民住入了节能型新民居，节能率达到了50%。通过提高能源利用效率，实现节能64.8万吨标煤，减少$CO_2$排放161万吨，为我国农村地区应对气候变化、建设生态文明，探索了新路径。

## 三、组织实施气候智慧型主要粮食作物生产项目

1.开展技术培训  2017年3月，农业部生态总站和气候智慧型主要粮食作物生产项目办公

UNDP项目负责人参观示范村

秦皇岛市山海关区望峪村新村新貌

室在河南省洛阳市举办气候智慧型农业技术与模式培训班。全面梳理了项目实施两年来的成果与经验，深入研讨了进一步高效推进项目的思路和方法，充分交流了气候智慧型农业理论与技术。5月，在河北省保定市举办气候智慧型绿色村镇建设政策机制与技术模式培训班。10月，在安徽省合肥市举办气候智慧型主要粮食作物生产项目培训班，围绕项目中期调整和建设麦-稻、麦-玉轮作系统气候智慧型农业核心示范区进行了研讨。

2014—2017年，农业部生态总站和气候智慧型主要粮食作物生产项目办公室采用课堂集中培训、田间咨询、现场观摩等形式，累计举办各类培训20余期，培训3 000余人次；编写作物生产技术操作规范，以台历、明白纸等形式发放给农户学习。聘请专家多次赴项目区进行调研指导，提供全方位服务。此外，还在2个项目区建立了30个村级培训平台，并为培训平台采购了教具。

2.加强技术应用示范　2017年，在2个项目区开展了4万余亩的化肥、农药减量施用技术示范应用和1万余亩的优化灌溉技术示范应用，实现了节水节能、减肥减药的良好效果。开展了农田林网建设及成片造林活动。推进机械化秸秆还田。依托相关高校和科研院所，在麦-稻、麦-

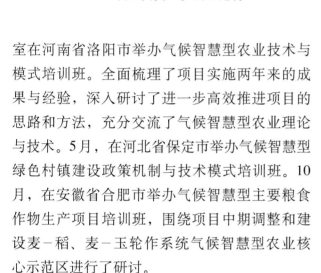

气候智慧型农业技术与模式培训班

玉作物生产系统开展了固碳减排新材料、新模式及保护性耕作技术示范活动，筛选出硝化抑制剂等减排新材料，形成了水稻-绿肥、稻鸭共生、麦-豆、秸秆还田与免耕等技术模式。组织编制了《小麦-水稻气候智慧型生产技术导则》和《小麦-玉米气候智慧型生产技术导则》。

项目自2014年9月启动以来，依托安徽省怀远县和河南省叶县2个示范区，围绕水稻、小麦、玉米3种主要粮食作物，通过开展减排技术示范、固碳技术示范、新技术与新模式筛选试验示范以及农民参与式培训等，累计示范应用固碳减排技术4 400余公顷，固碳减排20 001.67吨$CO_2$-eq，培训农民15 000余人次。

专栏：江苏省召开"气候智慧型农业与江苏"主题研讨会

　　2017年12月，江苏省耕地质量与农业环境保护站在南京市召开"气候智慧型农业与江苏"主题研讨会，会议介绍了世界银行在农业及相关领域的项目经验，并就引入世界银行在农业环境保护方面的项目管理经验、技术配套以及绿色发展理念推动江苏省省气候智慧型农业发展进行了交流探讨，与会代表还赴淮安市、宿迁市进行了现场考察。

"气候智慧型农业与江苏"主题研讨会

与会专家赴淮安市、宿迁市考察